Watermelon Carving

식품조각지도사의 수박카빙 ②

정우석 · 김기철 공저

수박카빙은 주로 통상, 뷔페테이블, 뷔페음식상, 고희연상 등의 다양한 이벤트 행사에서 사용됩니다. 해마다 열리는 요리경연대회에서 식품조각은 하나의 분야로 자리매김하여 대회의 중요한 볼거리를 제공하고 있습니다.

백산출판사

2008년 초 '전문조리인을 위한 과일 · 야채조각 105가지'란 제목으로 식품조각 관련 서적을 처음 출간하였고, 2014년 초 'CARVING-식품조각지도사'라는 제목으로 교재를 만들고 민간자격증 등록을 하였습니다. 그리고 수박카빙에 대한 내용이 부족하다고 생각하여 2015년에는 '식품조각지도사의 수박카빙'이란 제목으로 수박카빙의 다양한 스킬을 보여주기 위해 출간하게 되었습니다.

수박카빙은 주로 돌상, 폐백음식상, 뷔페테이블, 고희연상 등의 다양한 이벤트 행사에서 사용됩니다. 그리고 해마다 열리는 요리경연대회에서 식품조각은 하나의 분야로 자리매김하여 대회의 중요한 볼거리를 제공하고 있습니다.

이번에 출판하게 된 '식품조각지도사의 수박카빙2'는 수박이란 소재를 온전히 이용하여 여러 가지 꽃과 문양이나 형태를 만드는 과정에 초점을 맞춰 기존에 만든 식품조각지도사의 수박카빙 책보다 난이도 있는 작품을 만들고 과정을 소개하였습니다.

13년 전 처음 수박이 화려하게 변신하는 모습을 보고 매료되어 다양한 형태를 연구하게 되었고 아직도 더 멋진 작품을 만들기 위해 노력하고 있습니다. 항상 수박카빙을 하기 전에 마음속으로 이렇게 말하곤 합니다.

나 자신을 믿자. 느긋하게 생각하자. 쉬지 말고 움직이자.

이렇게 맘에 새기고 나면 어렵게 생각되던 일도 그저 평온하게 다가옵니다.

모든 일에 완벽할 수는 없겠지요. 항상 끝나고 나면 아쉬움이 남습니다. 그런 아쉬움을 조금이라도 없애기 위해 순간순간 최선을 다해야 하는지도 모릅니다. 제가 만든 수박카빙도 조금씩 아쉬움을 채워가는 과정이었습니다. 수박카빙을 처음 접하는 분들, 그리고 자신감이 생긴 분들께서도 조각하기 전 수박카빙 작품의 전체적인 느낌을 머릿속에 입력하는 과정을 거친 후에 조각칼을 들고 완성해 나가시기 바랍니다. 그리고 이 책이 여러 가지 작품을 구상할 때 가이드 역할을 할 수 있기를 바랍니다.

이 책이 나올 수 있도록 도움을 주신 세계식품조각협회 마스터 김규민, 최광택, 양승호, 김선영, 박경순, 하남수, 황명화, 한신규, 김수현, 우연정, 박연환, 김덕용, 곽순한, 이종식, 오연록님과 회원 여러분께 깊이 감사드립니다. 아울러 멋진 책으로 출판될 수 있도록 도움을 주신 백산출판사 진욱상 사장님과 편집부 직원 여러분께 감사드립니다. 끝으로 수박카빙을 할 수 있도록 시간을 허락해 준 가족에게 고맙다는 말을 전합니다.

2016년 여름
저자 씀

식품조각지도사의 수박카빙 2

Contents

식품조각지도사의 **수박카빙2**

Watermelon

이론편

Carving

  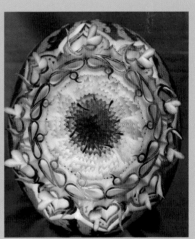

1 수박(Watermelon)에 대하여
쌍떡잎식물 박목, 박과의 덩굴성 한해살이풀

(1) 원산지

아프리카 원산으로 고대 이집트 시대부터 재배되었다고 하며, 각지에 분포된 것은 약 500년 전이라고 한다. 한국에는 조선시대 《연산군일기》(1507)에 수박의 재배에 대한 기록이 나타난 것으로 보아 그 이전에 들어온 것이 분명하다. 오늘날에는 일반재배는 물론 시설원예를 통한 연중재배가 이루어지고 있으며 우수한 품종은 물론 씨 없는 수박도 생산되고 있다.

(2) 특성과 생산시기

수박의 품종은 여러 가지가 있으나 크게 분류하면 과육의 빛깔에 따라 홍육종, 황육종 등으로 구분되며, 모양에 따라서는 구형, 고구형, 타원형 등으로 구분된다. 또한 과피의 색에 따라 녹색종, 줄무늬종, 농록종, 황색종 등으로 구분되며, 열매의 크기에 따라서는 대형종, 중형종, 소형종, 극소형종 등으로 구분된다. 그 밖에 숙기(熟期) · 내병성, 과즙의 당도(糖度), 수송성(輸送性) 등에 따라 구분되기도 한다. 생산시기는 농지에서 직접 파종할 경우 4월에 파종하여 7~8월에 수확하며 하우스 수박은 연중 생산이 가능하다.

(3) 저장방법

온도는 4.4~10℃, 습도는 80~85% 정도가 적당하다. 너무 저온이면 색깔과 광택이 나빠지므로 온도를 내리지 말아야 한다.

(4) 식품조각용 수박

수박은 검은 줄무늬, 초록색, 흰색 그리고 속의 붉은색이 선명한 것이 좋은 재료라고 할 수 있다. 그리고 조각(Carving)용으로 선택할 때는 무엇보다 중요하게 생각해야 하는 것이 모양이다. 둥근 형태나 달걀형으로 생긴 것이 조각용으로 좋으며 작품을 완성했을 때 보기가 좋다. 또한 대량구매해서 작품을 전시하고자 할 때, 식용이 목적이 아니라면 가격이 상대적으로 저렴하고 유통기간이 오래되어 가격이 싼 수박을 구매하는 것이 원가 대비 효율 면에서 바른 선택일 것이다.

2 조각칼과 숫돌

1. 칼날에 사용되는 금속의 종류

1) 스테인리스강(Stainless Steal)

어원은 stain(더러움)+less(없음)으로부터 온 것으로 더러움이 없는 것, 즉 녹슬기 어려운 강이라는 뜻으로 이름이 붙여졌다.

스테인리스강은 철(Fe)에 상당량의 크롬(보통 12% 이상)을 넣어 녹이 잘 슬지 않도록 만들어진 강으로 여기에 필요에 따라 탄소(C), 니켈(Ni), 규소(Si), 망가니즈(Mn), 몰리브덴(Mo) 등을 소량씩 포함하고 있는 복잡한 성분을 가진 합금강이다.

이렇게 하여 만들어진 스테인리스강은 철(Fe)을 주성분으로 하면서도 보통강이 가지고 있지 않은 여러 가지 특성, 즉 표면이 아름다운 점, 녹이 잘 슬지 않는 점, 열에 견디기 좋은 점, 또한 외부 충격에 대해 강한 점 등에서 볼 때 대단히 우수한 특성을 갖추고 있다. 그러나 크롬 및 기타 성분의 함유량에 따라 기계적 성질, 열처리 특성 등에 현저한 변화가 있으며, 녹이 슬지 않는 정도에도 큰 차이가 있다. 근래에는 다양한 용도에 적합하게 성분, 성능이 다른 각종의 스테인리스강이 만들어지고 있다.

이들 스테인리스강은 함유된 성분상 또는 성질상(금속 내부조직의 차이)으로 보아 몇 가지 계통으로 분류할 수 있으며, 보통 같은 계통에 속하는 것은 비교적 유사한 특징을 가지고 있지만 다른 계통에 속하는 것은 스테인리스강이라도 그 성질, 특성에는 대단히 큰 차이가 있다. 현재 사용되고 있는 스테인리스강을 금속조직상 크게 분류하면 마르텐사이트계(Martensite Type), 오스테나이트계, 페라이트계와 석출경화형이 있다.

여기에서는 채소나 과일의 조각용 칼날을 만들 때 사용되는 마르텐사이트계(Martensite Type) 스테인리스강(Stainless Steal)에 대해 설명하고자 한다.

마르텐사이트 스테인리스강 중에서 '조각칼날에 사용되는 강은 410, 420'이다. 우선 가격 면에서 유리한 일반 내식강이지만 심한 부식환경에 견디기 어렵다. 가공성은 아주 양호하며 열처리에 의해 경화된다. 식기류, 칼날, 기계부품에 사용된다.

성분적으로 13% Cr강이 대표적인 스테인리스강이며, 통상 quenching and tempering(담금질)상태에서 사용된다. 본 계의 강에서는 13% Cr과 17% Cr으로 대별되며 탄소함유량에 따라 소입성과 자경성이 좌우된다. 크롬을 주성분으로 하고 열처리(Quenching)에 의해 경화가 가능하다.

담금질을 하여 마르텐사이트화한 뒤 이대로는 취성이 있으므로 풀림처리를 해서 질긴 성질을 높인다. 이 열처리 후의 강도는, 탄소의 함유량에 의해 변화하며, 일반적으로 저탄소인 경우 질긴 성질이 뛰어나고 고탄소인 경우 내마모성이 뛰어난 성질을 가진다.

2) 하이스강(High Speed Steal)

하이스강(HSS)이란 흔히 말하는 고속도강, 즉 철강재료를 절삭가공할 때 쓰이는 도구를 만드는 강재를 말한다. 일반적으로 담금질한 강은 경도가 높지만 절삭과정에서 고온상태가 되면 쇠가 물러지는 단점이 있는데, 이러한 단점을 극복하기 위해 어느 정도의 고온에서도 경도를 유지할 수 있도록 개발된 것이 고속도강이다.

보통 시중에 나와 있는 조각칼은 쇠가 여물어 작업 시 빨리 무뎌지는 결점이 있다. 그래서 하이스강으로 칼을 만드는데, 하이스강은 쇠가 단단하여 가공하기가 여간 어려운 게 아니다.

먼저 그라인드로 날을 세우고 다이아몬드 숫돌로 일정한 각도를 유지하며 1시간 정도 간다.

그런 다음 3000번 숫돌과 6000번 숫돌로 날이 설 때까지 2시간 정도 갈면 완성되는데, 불빛에 비추어보았을 때 날이 거울처럼 보이는지 확인한다. 칼날에 사용되는 하이스강의 종류는 아직 많지만 대표적으로 일식 칼날에는 아래의 2가지가 가장 고급으로 사용된다.

① ZDP189(HRC 약 67) : 절삭력, 지속력, 내식성 등이 뛰어난 최상의 스테인리스강 소재로 연마가 아주 어렵다.

② R2 분말 하이스강(HRC 약 65) : 최고급 스테인리스계열 강재이며 분말형태로 제조하므로 조직이 균일하고 절삭력과 칼날유지력의 밸런스가 뛰어나다.

2. 칼날 모양에 따른 조각의 영역

※ **긴 직선형** : 일반적으로 과일조각에 가장 많이 쓰이며, '곡선과 면'의 조각에 유용하다. 6mm는 밀도가 다소 낮은 과일조각에 유용하며, 10mm는 밀도가 다소 높은 채소조각에 유용한 장점이 있다. 하지만 단호박처럼 아주 단단한 채소종류는 길이가 더 짧고 굵은 칼날을 사용해야 한다.

칼날 모양	조각선의 모양	두께
긴 직선형		6mm ~ 10mm

※ **짧은 직선형** : 일반적으로 '글자 로고의 조각'에 가장 많이 쓰이며, 직선에 아주 유용하다. 6mm는 밀도가 다소 낮은 채소, 과일조각에 유용하며, 10mm는 밀도가 높은 단호박처럼 아주 단단한 채소종류에 사용해야 한다.

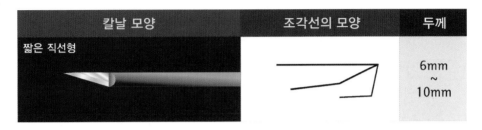

칼날 모양	조각선의 모양	두께
짧은 직선형		6mm ~ 10mm

※ **긴 곡선형** : 일반적으로 과일조각에 가장 많이 쓰이며, '곡선과 면'의 조각에 유용하다. 6mm는 밀도가 다소 낮은 과일조각에 유용하며, 12mm는 밀도가 다소 높은 채소조각에 유용한 장점이 있다. 긴 직선형보다 칼날의 폭이 좁아서 아주 심한 곡선에 유용하며, 구석구석 섬세한 조각에도 훌륭한 디자인이라 할 수 있다. 칼날의 폭이 좁은 만큼 날을 잘 갈아서 사용해야 한다.

칼날 모양	조각선의 모양	두께
긴 곡선형		6mm ~ 12mm

※ **짧은 곡선형** : 일반적으로 채소, 과일조각에 가장 많이 쓰이며, 곡선의 글자나 로고와 같이 휘어짐이 심한 곡선의 조각에 아주 유용하다. 6mm는 밀도가 다소 낮은 과일조각에 유용하며, 12mm는 밀도가 다소 높은 채소조각에 유용한 장점이 있다. 긴 곡선형보다 칼날의 길이가 짧아서 크기가 작은 곡선에 유용하며, 구석구석 섬세한 조각에도 훌륭한 디자인이라 할 수 있다. 칼날의 폭이 좁은 만큼 잘 갈아서 사용해야 한다.

칼날 모양	조각선의 모양	두께
짧은 곡선형		6mm ~ 12mm

※ **샤토나이프형** : 일반적으로 채소 꽃조각에 가장 많이 쓰이며, 곡선면 작업에 아주 유용하다. 8mm는 밀도가 다소 낮은 채소조각에 유용하며, 12mm는 아주 단단한 채소조각의 면조각작업에 탁월하다. 칼날을 구매하여 만들기도 하지만, 기성품인 샤토나이프나 직선형태의 나이프를 개조하여 만들기도 한다. 이러한 디자인도 긴 형태와 짧은 형태가 있다.

칼날 모양	조각선의 모양	두께
샤토나이프형		8mm ~ 12mm

3. 숫돌의 종류

1) 자연석 숫돌

말 그대로 자연에서 얻은 평평한 돌을 숫돌로 사용하면, 자연석 숫돌이 된다.

아주 오래전 석기시대 때부터 돌을 갈아서 화살촉으로 사용하였고, 청동기시대에는 자연석을 이용하여 칼날을 가는 데 사용하였다. 자연석 숫돌은 운모편암을 많이 사용하며, 우리나라를 비롯하여 중국, 일본, 유럽의 핀란드, 벨기에, 스위스의 '아칸사' 숫돌까지 명품 숫돌이 생산되고 있다. 시중에서 자연석 숫돌을 쉽게 구매할 수 있지만, 저렴한 숫돌부터 십여만 원 하는 숫돌도 있다. 단단하여 인공 숫돌보다 잘 깨지지 않는다.

2) 인공 숫돌

흑 분말을 고온고압에서 압축하여 만들며, 거친 숫돌부터 아주 부드러운 마무리용 숫돌까지 다양하게 생산되고 있다. 가격이 저렴하지만 충격에 약해서 깨지기 쉬운 단점이 있다. 미국의 노턴(Norton) 숫돌, 일본의 마쓰나카 숫돌, 야마이치 숫돌 등이 국내에서 판매되고 있다. 지금은 인공 숫돌의 무겁고 잘 깨지는 단점을 보완한 고성능 세라믹 숫돌인 샤프톤사의 '인의 세라믹 숫돌'이 출시되었는데, 다이내믹 고성능 연마재를 다량 배합하여 그동안 갈기 어려웠던 고강도 탄소강부터 스테인리스강까지 쉽고 빠르게 연마할 수 있게 되었다.

3) 기계 숫돌

오랜 시간 연마해야 하는 칼이나 대량으로 갈아야 하는 칼의 연마 시에 유용하게 사용하며, 특히 정밀한 각도를 원하는 칼날에 사용한다. 원판형 습식 그라인더가 주종을 이루며 인공 숫돌의 기계식이라 할 수 있다. 하지만 가격이 매우 비싸서 전문가용으로 사용되고 있다.

4) 다이아몬드 숫돌

자연석 숫돌과 인공 숫돌의 단점인, 사용하면서 홈이 파이는 현상이 전혀 없다. 특히 금속이라서 충격에도 강하며, 평면 금속판 형태라서 대팻날이나 날 폭이 넓은 끌을 연마할 때 가장 탁월한 숫돌이다. 금속 표면에 4캐럿의 미세화된 공업용 다이아몬드 입자가 균등하게 분포되어 있어 성능이 탁월하며, 반영구적으로 사용이 가능하지만 가격이 매우 비싼 편이다.

5) 숫돌면잡기용 숫돌

자연석 숫돌과 인공 숫돌은 사용할수록 마모되어 홈이 둥글게 파인다. 이를 평면으로 다시 잡아주어야 하는데, 이것에 유용하게 사용할 수 있는 것이 숫돌면잡기용 숫돌이다. 받침대에 접착해서 간편하게 사용하는 면잡기용 연마시트지도 있다.

6) 사포

칼날 연마 시 가장 유용하고 간편하게 사용할 수 있는 것이 사포이다. 거친 사포부터 부드러운 사포까지 다양하게 있으며, 특히 요즘은 접착시트지 롤 사포가 생산되어 평평한 부분에 간편하게 접착하여 사용할 수 있다. 가격도 아주 저렴하고 가벼워서 휴대용으로 아주 좋다.

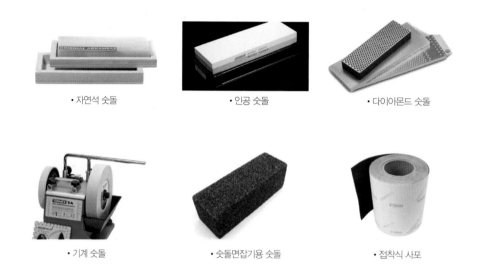

• 자연석 숫돌   • 인공 숫돌   • 다이아몬드 숫돌

• 기계 숫돌   • 숫돌면잡기용 숫돌   • 접착식 사포

4. 칼날의 연마

1) 연마의 범위

칼만큼이나 중요한 것이 숫돌이라 하겠다. 쉽게 말하면 바늘과 실의 관계라고 할 수 있을 것이다. 밀도가 높은 대리석이나 나무는 날 끝의 마모가 심하기 때문에 상당히 잘 갈아야 하며, 채소, 과일 조각칼은 과일이나 채소 본연의 알칼리나 산도, 당도의 성분 때문에 색상이 조금 검게 변하며, 끈적한 액체는 칼의 절삭력을 떨어뜨린다.

숫돌은 거친 정도에 따라 칼날을 적절하게 사용하는 방법을 익혀야 한다. 사포(숫돌)는 번호가 낮을수록 거칠며, 높을수록 부드러운 숫돌이다.

(1) #25 정도 : 숫돌을 평면으로 만드는 영역이다. 숫돌잡이라고 하는데, 돌숫돌을 사용하면 그만큼 돌이 닳아서 없어지기 때문에(홈이 파이기 때문에) 숫돌잡이를 이용하여 평면으로 다시 잡아주어야 한다.

(2) ~ #250 : 아주 거친 영역이며, 칼날이 빠졌을 때나 아주 안 들 때 사용하는 영역이다. 시중에서 쉽게 구하는 거친 돌숫돌이 보통 #250이다.

(3) ~ #400 : 아주 거친 영역이며, 칼날을 연마하는 영역(만드는 영역)이라 하겠다. 칼날이 빠졌을 때도 연마기계를 이용하여 날을 다시 잡아야 한다.

(4) #400 ~ #900 : 일반적으로 주방용 칼날을 세우는 영역이다. 보통 #900을 가장 많이 사용하며, 주방용 칼을 갈 때는 #250과 같이 사용하는 것이 좋다.

(5) #900 ~ #2,000 : 칼날을 세우는 최종 마무리 영역이다. 단단한 얼음이나 나무를 조각할 때 사용한다. 돌숫돌, 사포, 다이아몬드 숫돌을 사용하는 것이 일반적이다. 접착식 롤사포가 #2,000까지 나오기 때문에 간편하게 사용할 수 있다.

(6) #2,000 ~ #10,000 : 모든 조각칼의 날을 마무리할 때 사용하며, 가장 절삭력을 뛰어나게 하는 영역이라 하겠다. #2,000부터는 칼을 갈았을 때 거울처럼 비친다. 특히 채소조각칼처럼 가늘고 힘이 없는 칼은 오로지 칼날의 절삭력에 의존할 수밖에 없는데, 이 영역에서 칼을 갈면 절삭력을 최고로 높일 수 있다.

숫돌(사포) 번호에 따른 연마 영역				
	#400 #900	#1,200	#2,000	#10,000
연마	주방칼	조각칼		모든 조각칼
(조각칼 만드는 영역)	(얼음조각칼)	(목조각칼)		(모든 종류의 조각칼 날을 세우는 영역) (날이 거울처럼 보이는 영역)
		——— 채소조각칼 가는 범위 ———		

2) 연마의 방법

좋은 칼과 숫돌을 가지고 있더라도 날 세우는 방법을 모른다면 무용지물일 것이다. 칼날 가는 방법은 아주 단순하고 간단한 원리인데, 일반적으로 잘 모르기 때문에 그냥 열심히 갈기만 하면 잘 들 거라는 기대를 한다. 여기서는 숫돌의 마지막 단계로 칼날의 올바른 연마방법을 제시하고자 한다.

올바른 숫돌(사포) 사용법

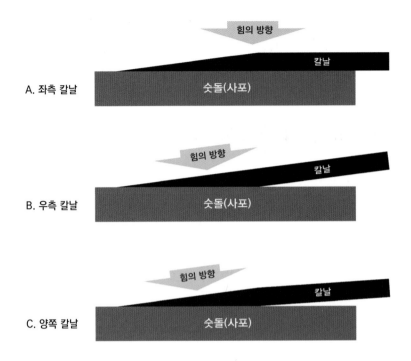

그림에서 보는 것과 같이 칼날을 숫돌에 완전히 닿게 해야 하며, 칼날에 힘을 빼고 천천히 앞뒤로 움직이면서 날을 갈아야 한다.

그림 A는 날의 평평한 부분으로 조금만 갈아줘도 되며, 그림 B와 같이 날이 세워지는 부분은 조금 더 많이 갈아주어야 한다. 숫돌을 사용하면 홈이 둥글게 파이는데, 이럴 때는 숫돌잡이로 평면을 다시 잡고 갈아주어야 하며, 다이아몬드 숫돌이나 사포는 숫돌잡이를 사용하지 않는다.

그림 C는 A와 같은 방법으로 칼날을 갈아주면 된다. 주의할 점은 칼날의 힘이 약하고 가늘기 때문에 적당하게 적은 힘을 주면서 앞뒤로 밀어야 한다는 것이다. 가장 좋은 방법은 앞뒤로 왔다 갔다 하는 것보다는 다소 따분하더라도 한번 밀고 한번 당기고를 반복하는 것이 좋다. 칼날이 숫돌에 최대한 수평을 유지해야 하는데, 이렇게 해야 손의 흔들림을 최소화하기 때문이다.

3 식품조각지도사 시험 응시방법

1. 세계식의연구소/세계식품조각협회 홈페이지(www.fooddoctors.net)에 접속하여
   회원가입을 한다.

2. 필기/실기시험에 대한 내용은 팝업창에 띄워져 있으니 읽어보시면 이해하기 쉽다.

3. 세계식품조각협회의 게시판 항목 중 자격 및 인증(위쪽과 아래쪽에 2번 나와 있음)을
   클릭한다.

4. 식품조각지도사 자격검정 신청란을 작성한다.

   (최초 필기시험으로 되어 있음)

5. 필기 응시료를 납부하면 매월 24일 온라인 필기시험에 응시할 수 있다.

　(시험에 대한 정보는 CARVING-식품조각지도사 교재와 세계식품조각협회 자료실에

　기출문제가 수록되어 있다.)

6. 필기시험 날짜(정기적으로 매월 24일로 지정되어 있음)에 홈페이지 온라인 시험응시하

　기를 클릭한다.

7. 필기시험에 응시한 자격명을 정확히 확인한 다음 온라인 시험장으로 입장하며 한번 입장 시 60분 내에 50문항의 시험을 응시하고 제출해야 완료된다.

8. 필기시험 응시/제출 후 마이페이지에서 합격여부와 점수를 바로 알 수 있다. 즉시 오른쪽 하난의 실기접수를 클릭하여 실기시험 접수를 한다.

9. 식품조각지도사 자격검정 신청서를 한번 더 작성한다. 이때 반드시 합격 시 자격증에 들어갈 사진을 첨부해야 하며 실기시험 장소를 지정한다. 지정 장소가 없는 경우 상시 시험에 해당하므로 상시시험을 클릭한다.

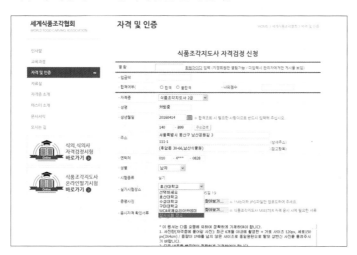

식품조각지도사의 수박카빙 2

Watermelon

Carving

수박카빙 원형 곡선문양

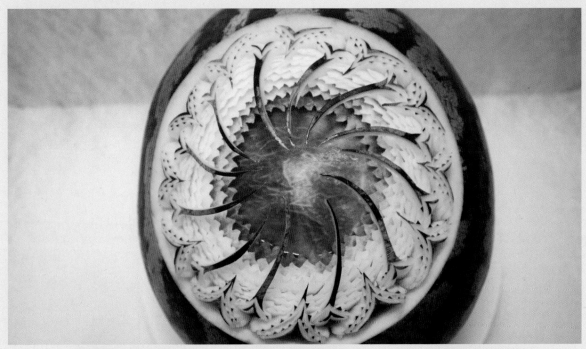

01 컴퍼스 커터기로 중심을 잡고

02 한 바퀴 돌린다

03 옆부분을 돌아가며 비스듬히 제거한다

04 잘린 부분은 제거한다

05 일정한 간격으로 홈을 표시한다

06 홈 사이사이에 곡선문양을 만든다

Watermelon Carving

07 그려진 부분의 옆부분을 조각칼을 눕혀서 비스듬히 제거한다

08 한 바퀴 만들어진 상태

09 가운데로 모아지게 선을 만든다

10 한 바퀴 만들어진 상태

11 가운데로 모아지게 곡선을 그린다

12 한 바퀴 만들어진 상태

13 잘린 부분은 제거한다

14 그려진 선만 남기고 가운데로 모아지게 껍질을 비스듬히 자른다

15 톱니모양을 만들고 안쪽에 껍질을 제거한다

16 붉은색 부분이 보일 때까지 톱니모양을 만든다

17 원형 곡선문양이 만들어진 상태

수박카빙 27

Watermelon Carving

01 준비물

02 봉오리 크기만큼 둥글게 잘라낸다

03 원형몰더를 이용해서 돌려 가며 1.5cm가량 넣는다

04 안쪽 부분을 비스듬히 돌려서 자른다

05 바깥 부분을 돌려서 자른다

06 자른 부분은 제거한다

07 반쪽 부분을 비스듬히 얇게 잘라서 제거한다

08 비스듬히 자른 부분을 따라 사진과 같이 자른다

09 잘린 부분은 제거한다

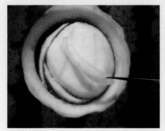

10 겹쳐지게 꽃봉오리 잎을 만든다

11 겹쳐지는 부분이 자연스럽게 돌아가며 만든다

12 한 바퀴 만들어진 상태

13 두 바퀴 만들어진 상태

14 봉오리가 완성된 상태

15 굴곡을 그리며 꽃잎모양을 만든다

16 꽃잎모양을 제거한다

17 수박의 흰 부분으로만 꽃잎을 그린다

18 그려진 뒷부분을 제거한다

19 꽃잎이 겹치게 해서 그리고 잘라진 부분은 제거한다

20 돌아가며 꽃잎을 자연스럽게 만들어 간다

21 다섯 잎이 자연스럽게 어울리게 만든다

22 조금 크게 꽃잎을 그린다

23 그려진 부분을 제거한다

24 그려진 부분의 뒷부분을 비스듬히 자른다

25 꽃잎이 서로 어우러진 모습
이 되게 봉오리 모양 자리
에 껍질을 제거한다

26 봉오리가 2/3 정도만 보이
도록 하고 조각칼을 세워
둥글게 만든다

27 안쪽과 바깥쪽 부분을 비스
듬히 제거한다

28 꽃잎이 어우러져 보이게
만들어 나간다

29 봉오리는 가운데를 중심으
로 만들어 나간다

30 겹쳐진 꽃이 만들어진 상태

31 꽃과 꽃 사이에 껍질을
벗기고 원형의 2/3 정도를
만든다

32 봉오리는 가운데로 모아져
보이게 만든다

33 꽃 3송이가 어우러진 뒷부
분을 정리한다

34 꽃이 완성된 상태

35 조금 두꺼운 조각칼을 이
용하여 앞뒤로 흔들며 둥
글게 자른다

36 안쪽에 장미 잎무늬를 그리
고 끝부분을 작고 촘촘하게
비스듬히 자른다

수박카빙 27

37 잎이 하나 완성된 상태

38 잎모양을 입체감 있게 하나 더 그린다(잎모양 1)

39 (잎모양 2)

40 (잎모양 3)

41 (잎모양 4)

42 (잎모양 5)

43 잎모양을 몇 개 더 만든다

44 한쪽으로 비스듬한 블록모 양을 만든다

45 완성된 상태

Memo

수박카빙 28

Watermelon Carving

01 준비물

02 컴퍼스 커터로 둥근 원형을 만든다

03 원형 주위를 비스듬히 자른다

04 잘린 부분을 제거한다

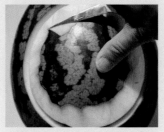

05 원형 안쪽의 껍질을 벗긴다

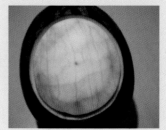

06 껍질이 벗겨진 상태(푸른 부분이 거의 남아 있지 않게 제거한다)

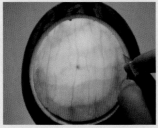

07 일정한 간격으로 홈을 만든다

08 사진과 같은 형태를 가운데로 모아지게 만든다

09 일정한 간격으로 가운데로 모아지게 만든다

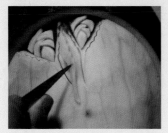

10 그린 옆부분을 제거한다

11 일정한 간격으로 만들어 나간다

12 한 바퀴 만들어진 상태

수박카빙 28

13 모양낸 부분의 사이사이를 곡선을 그리며 가운데로 모아지게 만든다

14 조각칼을 아래위로 흔들고 돌려가며 가운데로 모아지게 모양을 만든다

15 조각칼을 비스듬히 눕혀서 밑부분을 자른다

16 가운데로 모이지게 붉은 색 부분을 모양낸다(얇은 조각칼을 이용하면 좋다)

17 가운데로 무아지게 조각칼을 돌려가며 자른다

18 수박의 붉은색 부분은 조금 더 세밀한 조각칼로 돌려가며 자른다

19 안쪽 부분이 완성된 상태

20 조각칼을 돌려가며 사진과 같은 모양을 만들어 나간다

21 모양을 만들고

22 뒷부분을 자른다

23 한 바퀴 완성된 상태

24 모양낸 사이사이에 모양을 만든다

25 밑부분을 비스듬히 잘라서 빼낸다

26 2겹이 완성된 상태

27 옆부분을 돌아가며 비스듬히 자른다

28 잘린 부분을 제거한다

29 껍질을 이용하여 사진과 같은 모양을 만든다

30 완성된 상태

수박카빙 29

Watermelon Carving

01 펜을 이용하여 밑그림을 그린 다

02 조각칼을 이용해 그림선을 따 라 자른다(1)

03 조각칼을 이용해 그림선을 따 라 자른다(2)

04 남녀 그림이 그려진 상태

05 조각칼을 이용해 바깥 부분의 하트모양 선을 만든다

06 선의 옆부분을 비스듬히 잘라 서 떼어낸다

07 사진과 같은 모양을 만들어 나 간다

08 크기를 조절해 가며 곡선으로 흘러내리게 끝까지 만든다

09 반대쪽도 대칭이 되게 만들어 나간다

10 하트모양이 만들어진 상태

11 조금 더 큰 하트모양을 그린다

12 선의 뒷부분을 비스듬히 잘라서 제거한다

13 톱니형태를 비스듬히 만들어 나간다

14 조각칼을 당기고

15 조각칼을 밀고

16 조각칼을 다시 당기고

17 반대쪽도 동일하게 만든다

18 머리부분은 자연스럽게 어울리게 한다

19 완성된 상태

수박카빙 30

Watermelon Carving

01 준비물

02 글자를 스카치테이프로 붙인다

03 조각칼을 이용해 새긴다

04 스카치테이프를 제거한다

05 글자 주변에 곡선을 그리며 새긴다

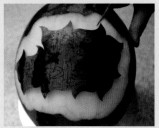

06 사진과 같이 옆부분을 제거한다

07 글자만 남기고 옆부분을 제거한다

08 끝부분만 남긴다

09 끝부분에 무늬를 만든다

10 봉오리 모양을 둥글게 그린다

11 봉오리를 하나 만든다

12 꽃이 하나 새겨진 상태

13 옆부분에 살짝 걸쳐지게 봉오리를 그린다

14 꽃이 2개 만들어진 상태

15 꽃이 3개 만들어진 상태

16 꽃이 4개 만들어진 상태

17 밑부분에도 걸쳐지게 꽃을 만든다

18 한쪽 방향으로 걸쳐지게 만든다

19 글자를 모두 덮을 수 있도록 만든다

20 반대쪽도 글자를 덮을 수 있게 만든다

21 밑부분에 줄기문양을 만든다

22 여러 겹을 만들어준다

23 꽃 주변에 잎모양을 만들어준다

24 주변에 돌아가면서 선 모양이 생길 수 있도록 자른다

Watermelon Carving

25 잘린 부분은 제거한다

26 완성된 상태

수박카빙 31

01 글자를 스카치테이프로 붙인다

02 얇은 조각칼을 이용해 글자모양을 새긴다

03 종이와 스카치테이프를 제거한다

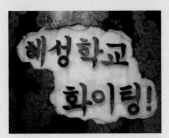

04 양각으로 글자모양만 남게 옆부분을 잘라내고 끝부분에 무늬를 만든다

05 사진과 같이 끝부분의 무늬를 만든다

06 무늬만 남기고 옆부분을 잘라낸다

07 겹쳐지게 꽃모양을 만든다

08 돌아가며 꽃모양을 만든다

09 한 바퀴 돌아가며 꽃모양이 겹쳐지게 만든다

10 꽃모양과 줄기모양을 겹쳐지게 만든다

11 완성된 상태

수박카빙 32

Watermelon Carving

01 밑그림을 그린다

02 깨지지 않게 스카치테이프를 붙인다

03 조각칼로 밑그림을 따라 얼굴 형태를 그린다

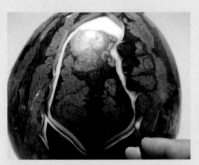
04 얼굴선을 따라 안쪽을 비스듬히 잘라낸다

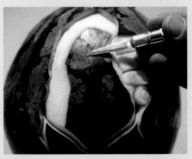
05 조각칼을 눕혀서 잘라낸다

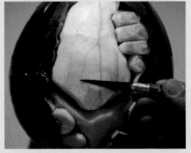
06 얼굴부분과 손부분의 껍질을 벗겨낸다

07 머리와 입모양을 만든다

08 사진과 같이 이 부분을 만든다

09 입 안쪽을 긁어낸다

수박카빙 32

10 얼굴부분이 조각된 상태

11 수박의 껍질 부분에 흠집을 만든다

12 조각난 껍질 부분을 순간접착제로 붙인다

13 제자리에서 살짝 비틀어 붙인다

14 여러 군데 자연스럽게 조각난 껍질을 붙인다

15 다양하게 조각난 형태의 껍질을 만들어 붙인다

16 머리 부분을 일부 붙인다

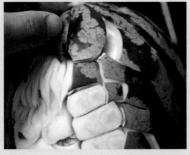

17 조각난 껍질 부분을 얼굴에 자연스럽게 겹쳐지게 만든다

18 완성된 상태

Memo

수박카빙 33

Watermelon Carving

01 컴퍼스 커터기로 일정한 간격의 점을 8개 만든다

02 1에 만든 점을 기준으로 둥근 원형 홈을 만든다

03 8개의 홈을 만든다

04 안쪽으로 곡선을 그리며 문양을 그린다

05 8개가 일정한 간격을 유지하게 한다

06 문양 주변으로 곡선을 그린다

07 조각칼을 눕혀서 안쪽 부분의 껍질을 제거한다

08 안쪽 부분의 껍질이 제거된 상태

09 곡선을 따라 선을 그린다

10 조각칼을 눕혀서 안쪽 부분을 제거한다

11 한 겹 더 만든다

12 한 겹 더 만든다

13 잘린 부분을 제거한다

14 곡선을 그리며 선을 만든다

15 한쪽 방향을 비스듬히 잘라낸다

16 바깥 부분을 사진과 같이 그린다

17 일정한 간격으로 곡선을 만든다

18 한 바퀴 돌아가며 곡선을 만든다

19 잘린 부분은 제거한다

20 곡선을 따라 톱니모양을 만든다

21 잘린 부분은 제거한다

22 조각칼을 당기고

23 밀기를 반복해 톱니모양을 만든다

24 잘린 부분은 제거한다

25 한 바퀴 완성된 상태

26 모양낸 주변에 선을 만들며 자른다

27 조각칼을 눕혀서 비스듬히 자른다

28 잘라진 부분을 제거한다

29 조각칼을 이용하여 당겨서 자르고

30 밀면서 잘라서 톱니모양을 만든다

31 잘린 부분을 비스듬히 자른다

32 잘린 부분을 제거한다

33 주변에 선을 만들며 자른다

34 조각칼을 비스듬히 눕혀서
자른다

35 잘린 부분을 제거한다

36 주변이 제거된 상태

37 완성된 상태

Memo

수박카빙 34

01 스카치테이프를 이용해 수박에 붙인다

02 원형모양이 잘 펴지게 주변을 붙인다

03 얇은 조각칼을 이용해 새긴다

04 새긴 다음 제거한다

05 가운데 원형은 껍질을 제거한다

06 새겨진 글자를 음각이 되게 잘라낸다

07 글자가 세겨진 상태

08 조각칼을 이용해 음각으로 새긴다

09 깨지지 않게 스카치테이프로 주변을 한번 감싼다

10 일정한 간격으로 표시한다

11 표시한 간격의 사이를 사진과 같이 도려낸다

12 무늬를 만들고 옆부분을 잘라 낸다

13 곡선을 그리며 한 겹 더 만든다

14 조각칼을 눕혀서 비스듬히 잘라낸다

15 곡선으로 비스듬히 자른다

16 잘린 부분은 제거한다

17 무늬가 만들어진 상태

18 무늬를 한 겹 더 만든다

19 도려낸 부분을 제거한다

20 한 바퀴 도려낸 상태

21 사진과 같이 가운데 부분을 곡선으로 그린다

22 그려진 부분의 옆부분을 비스듬히 자른다

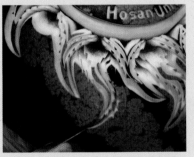

23 푸른 부분을 조금씩 남기며 자른다

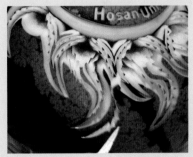

24 잘린 부분을 제거한다(1)

25 잘린 부분을 제거한다(2)

26 주변에 돌아가며 톱니무늬와 선을 만든다

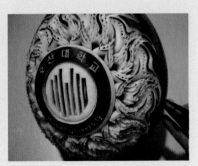

27 주변에 돌아가며 선을 그린다

식품조각지도사의 수박카빙 2
수박카빙 34

28 조각칼을 이용해 선을 그린 옆 부분을 비스듬히 눕혀서 자른 다

29 완성된 상태

Memo

수박카빙 35

Watermelon Carving

01 컴퍼스 커터기를 이용해 원형을 그린다

02 원형의 안쪽과 바깥쪽을 둥글게 자른다

03 잘라진 부분을 제거한다

04 5등분 표시를 한다

05 안쪽으로 휘어진 꽃잎모양을 만든다

06 톱니모양을 만들며 끝부분을 가늘게 만든다

07 조각칼을 비스듬히 눕혀서 자른다

08 잘라진 부분을 제거한다

09 톱니모양을 만들며 두 번째 잎모양을 만든다

10 그려진 부분의 옆부분을 자른다

11 잘린 부분을 제거한다

12 꽃잎모양을 5개 정도 만든다

13 잘라진 부분은 제거한다

14 가운데로 모아지게 톱니모양을 만든다

15 톱니모양을 한 바퀴 새긴다

16 새긴 부분의 옆부분을 비스듬히 자른다

17 가운데로 모아지게 2번 정도 톱니모양을 만든다

18 껍질 부분을 완전히 제거한다

19 조각칼을 최대한 눕혀서 비스듬히 자른다

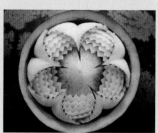

20 붉은색 부분이 보이게 안쪽으로 조각칼을 최대한 눕혀서 자른다

21 붉은색 부분까지 톱니모양을 만든 상태

22 일정한 비율로 자르고 사진과 같이 곡선을 그린다

23 잘린 부분은 제거한다

24 한 바퀴 만들어진 상태

25 곡선을 따라가면서 톱니모양을 만든다

26 톱니모양만 남기고 밑부분을 둥글게 제거한다

27 껍질 부분을 따라가며 톱니모양을 만든다

28 한 바퀴 돌려진 상태

29 톱니가 끝부분까지 왔으면 조각칼을 돌려서 둥글게 곡선을 만들며 자른다

30 반복해서 톱니모양을 만든다

31 잘린 부분은 제거한다

32 겉부분의 선을 만들며 자른다

33 잘린 부분은 제거한다

34 완성된 상태의 좌측

35 완성된 상태의 우측

36 완성된 상태

수박카빙 36

Watermelon Carving

01 준비물

02 스카치테이프를 이용해 글자를 붙인다

03 얇은 조각칼을 이용해 글자를 새긴다

04 스카치테이프를 제거한다

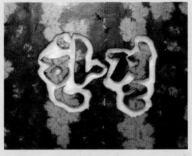

05 조각칼을 눕혀서 글자 주변을 도려낸다

06 글자 주변에 스카치테이프를 붙인다

07 컴퍼스 커터기를 이용해 일정한 간격을 표시한다

08 곡선을 그리며 선을 그린다

09 곡선의 양쪽을 비스듬히 제거한다

수박카빙 36

10 양쪽에 칼집을 넣는다

11 사진과 같이 톱니모양을 내고 비스듬히 새긴다

12 새겨진 부분은 제거한다

13 일정한 길이로 주변을 정리해 나간다

14 일정한 간격으로 한 바퀴를 새긴다

15 새겨진 부분은 제거한다

16 곡선의 사이사이를 시작으로 큰 곡선을 그린다

17 곡선의 옆부분을 비스듬히 자른다

18 한쪽이 한 바퀴 돌려진 상태

19 반대쪽도 비스듬히 도려낸다

20 껍질 부분에 얇은 선을 곡선으로 남기며 자른다

21 같은 방법으로 만들어 나간다

22 곡선을 그린다

23 그려진 부분의 옆부분을 비스듬히 자른다

24 전체적으로 옆부분을 비스듬히 잘라낸다

25 주변을 도려낸 상태

26 조각칼을 이용해서 일정한 간격으로 자른다

27 완성된 상태의 좌측

28 완성된 상태의 우측

29 완성된 상태

수박카빙 37

Watermelon Carving

01 컴퍼스 커터기를 이용해 원형을 그린다

02 조각칼을 이용해 안쪽, 바깥쪽을 비스듬히 자른다

03 잘라진 부분을 제거한다

04 일정한 간격에 등분 표시를 한다

05 등분한 부분에 작은 곡선을 그린다

06 잘린 부분을 제거한다

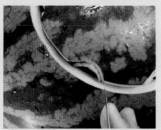

07 톱니모양의 무늬를 넣고 주변을 자른다

08 무늬를 한 바퀴 만든 상태

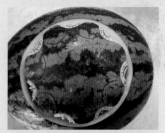

09 사진과 같이 둥글게 그린다

10 꽃잎모양을 하나씩 만든다

11 톱니모양을 만들어주고 옆부분을 비스듬히 자른다

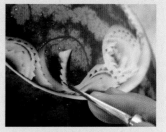

12 잘린 부분은 제거한다

13 둥근 부분의 바깥쪽도 사진과 같이 톱니모양을 만든다

14 둥근 부분의 바깥쪽도 사진과 같이 톱니모양을 만든다

15 한 바퀴 만들어진 상태

16 꽃잎 사이에 무늬를 그린다

17 무늬 주변을 비스듬히 자르고 잘린 부분은 제거한다

18 중간중간 겹치지 않게 무늬를 만든다

19 무늬가 한 바퀴 만들어진 상태

20 둥근 형태를 그리기 위해서 손질해 준다

21 가운데로 모아지게 톱니모양을 내고 중심으로 모아지게 비스듬히 자른다

22 잘린 부분은 제거한다

23 제거된 상태

24 가운데 껍질 부분은 조각칼을 눕혀서 자른다

25 잘린 부분은 제거한다

26 가운데로 모아지게 톱니모양을 만든다

27 붉은색 부분이 보일 수 있게 비스듬히 안쪽으로 들어가게 톱니모양을 만든다

28 가운데까지 만들어진 상태

29 원형의 바깥 부분에 곡선으로 그린다

30 잘린 부분은 제거한다

31 한 바퀴 만들어진 상태

32 한번 더 잎을 감싸게 무늬를 만든다

33 잘린 부분은 제거한다

34 톱니와 선을 반복해서 만들어 나간다

35 잎모양 사이에는 다른 형태의 무늬를 만든다

36 중간중간 무늬가 만들어진 상태

수박카빙 37

37 주변에 굵은 선이 생길 수 있도록 그린다

38 그려진 부분의 옆부분을 제거한다

39 완성된 상태의 좌측

40 완성된 상태의 우측

41 완성된 상태

Memo

수박카빙 38

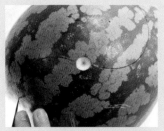

01 수박 가운데 원형을 만들고 곡선을 그린다

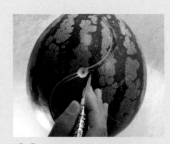

02 가는 선을 만들고 옆부분은 비스듬히 눕혀서 자른다

03 잘린 부분은 제거한다

04 가운데 별모양을 만든다

05 사진과 같이 줄기무늬를 만든다

06 양쪽을 비슷한 모양으로 만든다

07 반대쪽도 비슷한 무늬를 만든다

08 컴퍼스 커터기를 이용해 곡선을 그린다

09 양쪽을 비스듬히 잘라낸다

10 톱니모양을 둥글게 만든다

11 조각칼을 비스듬히 눕혀서 잘라낸다

12 껍질 부분을 조금씩 남기며 톱니모양을 만든다

수박카빙 38

13 조각칼을 눕혀서 옆부분을 제거한다

14 조각칼을 눕혀서 껍질 부분을 모두 제거한다

15 톱니모양을 둥글게 만든다

16 조각칼을 눕혀서 비스듬히 잘라낸다

17 톱니모양을 만든다

18 비스듬히 도려내 붉은색이 보이게 한다

19 가운데까지 정리된 상태

20 반대쪽 부분도 톱니모양을 만든다

21 옆부분을 비스듬히 잘라낸다

22 톱니모양을 만들고 비스듬히 자른다

23 잘린 부분은 제거한다

24 톱니모양을 3바퀴 만든 상태

25 양쪽 부분을 대칭이 되게 만든다

26 일정한 간격을 만든다

27 톱니모양을 만들며 무늬를 만든다

28 둥글게 만들어진 부분은 제거한다

29 둥근 부분의 선을 만든다

30 옆부분을 잘라서 제거한다

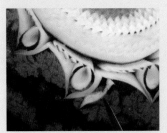

31 반대쪽 부분도 제거한다

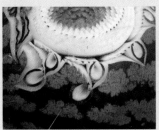

32 잘린 선을 따라 사진과 같은 무늬를 만든다

33 톱니모양의 옆부분을 제거한다

34 반대쪽 부분도 비스듬히 자른다

35 잘린 부분을 제거한다

36 무늬가 만들어진 상태

37 줄기부분의 옆부분에 톱니 모양을 만든다

38 옆부분을 비스듬히 자르기 시작한다

39 곡선을 그리며 자른다

40 잘린 부분을 제거한다

41 톱니모양을 하나 더 만든다

42 일정한 간격으로 나눈다

43 곡선을 그리며 무늬를 만든다

44 곡선을 따라 선을 만들고 옆부분을 제거한다

45 주변을 정리한다

46 완성된 상태

Memo

수박카빙 39

Watermelon Carving

01 준비물

02 컴퍼스 커터기를 이용해 원형을 그린다

03 조각칼을 이용해 원형을 만든다

04 옆쪽을 비스듬히 잘라낸다

05 일정한 간격을 표시한다

06 사진과 같이 꽃잎모양을 만들고 자른다

07 잘라진 부분은 제거한다

08 끝부분을 비스듬히 잘라서 입체적으로 될 수 있게 자른다

09 잘린 부분은 제거한다

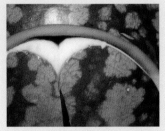

10 조각칼을 이용해 톱니모양으로 자른다

11 잘린 부분은 제거한다

12 사진과 같이 살짝 걸쳐지게 해서 꽃잎모양을 만든다

수박카빙 39

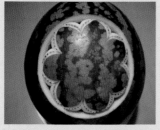

13 한 바퀴 만들어진 상태

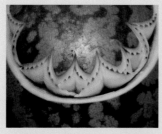

14 꽃잎 사이에 작은 꽃잎모양을 하나 더 만든다

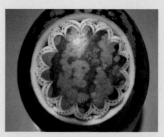

15 한 바퀴 만들어진 상태

16 긴 꽃잎은 하나 더 중복해서 만든다

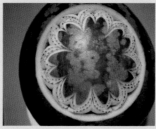

17 한 바퀴 만들어진 상태

18 곡선을 그리며 일정한 모양으로 꽃수술 모양을 만든다

19 그려진 부분의 옆부분을 비스듬히 잘라낸다

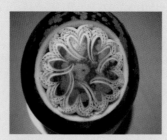

20 한 바퀴 만들어진 상태

21 사진과 같이 가운데를 중심으로 톱니모양을 만든다

22 2번 정도는 껍질을 이용해서 만든다

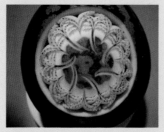

23 톱니모양을 2바퀴 만든 상태

24 가운데 부분의 껍질을 모두 자른다

25 잘라진 부분은 제거한다

26 껍질 부분이 제거된 상태

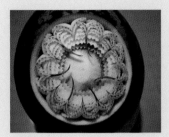

27 붉은색 부분이 보일 수 있게 만들어 나간다

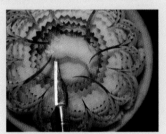

28 조각칼을 눕혀서 비스듬히 잘라낸다

29 붉은색 부분도 안쪽으로 일정하게 보일 수 있도록 만들어 나간다

30 가운데 부분까지 만들어 나간다

31 가운데 부분까지 완성된 상태

32 바깥 부분의 톱니모양을 비스듬히 만든다

33 조각칼을 이용해 일정한 간격으로 자른다

34 모양낸 옆부분을 잘라서 제거한다

35 한쪽 방향으로 여러 겹 만들어 나간다

36 바깥 부분에 칼집을 넣는다

수박카빙 39

37 바깥 부분에 칼집을 넣는다

38 완성된 상태의 우측

39 완성된 상태

Memo

수박카빙 40

Watermelon Carving

01 컴퍼스 커터기를 이용해 원형을 그린다

02 조각칼을 이용해 안쪽과 바깥쪽을 비스듬히 자른다

03 잘라진 부분은 제거한다

04 원형을 일정한 간격으로 나눈다

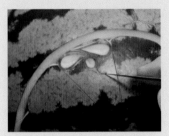

05 사진과 같은 모양을 돌아가며 만든다

06 무늬를 한 바퀴 만든 상태

07 잘린 부분은 제거한다

08 무늬만 남기고 비스듬히 잘라낸다

09 잘린 부분은 제거한다

10 조각칼을 이용해 톱니모양을 만든다

11 가운데로 모아지게 톱니의 옆부분은 제거한다

12 한 바퀴를 돌려서 자른다

수박카빙 40

13 잘린 부분은 제거한다

14 제거된 상태

15 가운데로 모아지게 곡선을 그리며 무늬를 그린다

16 조각칼을 눕혀서 옆부분을 잘라낸다

17 무늬만 남은 상태

18 사진과 같이 가운데를 중심으로 톱니무늬를 만들어 간다

19 붉은색 부분이 보이게 조각칼을 눕혀서 자른다

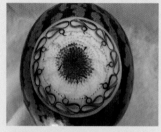

20 가운데까지 완성된 상태

21 일정한 간격으로 홈을 만든다

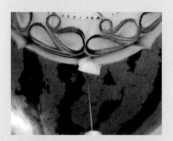

22 잘린 부분은 제거한다

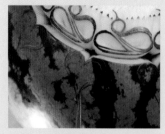

23 하트모양으로 무늬를 그린다

24 안쪽 부분을 일정한 형태로 하트모양을 만든다

25 껍질 부분에 접착제를 살짝 바른다(1)

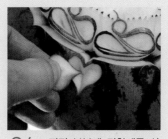

26 껍질 부분에 접착제를 살짝 바른다(2)

27 한 바퀴 붙여진 상태

28 옆부분을 비스듬히 잘라 낸다

29 대칭에 되게 오른쪽을 손질한다

30 대칭이 되도록 왼쪽을 손질한다

31 바깥 부분을 손질한다

32 완성된 상태

수박카빙 41

Watermelon Carving

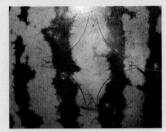

01 일정한 간격으로 사진과 같이 무늬를 그린다

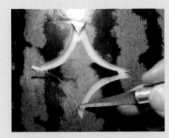

02 안쪽 부분을 비스듬히 자른다

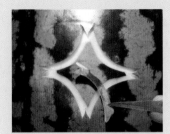

03 잘라진 부분은 제거한다

04 곡선을 그리며 가운데로 모아지게 톱니모양을 만든다

05 사진과 같은 무늬를 만든다

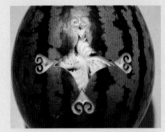

06 4방향으로 일정한 무늬를 만든다

07 곡선형태를 유지하며 사진과 같이 무늬를 만든다

08 4방향으로 일정하게 만들어진 상태

09 사진과 같이 왼쪽 방향에 무늬를 만든다

10 오른쪽 방향도 무늬를 만든다

11 조각칼로 그린 부분 옆을 비스듬히 자른다

12 곡선의 무늬를 만들어 나간다

수박카빙 41

13 잘린 부분은 제거한다

14 톱니무늬를 만들며 끝부분에 고리모양을 만든다

15 잘린 부분은 제거한다

16 안쪽의 껍질 부분을 제거한다

17 가운데 부분을 둥글게 돌려깎는다

18 사진과 같이 곡선을 만들고 한쪽 부분을 비스듬히 제거한다

19 한 바퀴 돌려진 상태

20 양쪽 2군데에 비슷한 무늬가 만들어진 상태

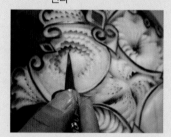

21 가운데로 모아지게 톱니모양을 만든다

22 톱니모양을 만들고 자르기를 반복한다

23 톱니모양이 만들어진 상태

24 양쪽을 비스듬히 자른다

25 톱니모양을 양쪽으로 만든
다

26 톱니모양을 둥글게 만든다

27 잘린 부분은 제거한다

28 다른 곳에 톱니모양을 만
든다

29 바깥 부분은 둥글게 그린
다

30 그려진 옆부분을 비스듬히
잘라서 제거한다

31 완성된 상태의 좌측

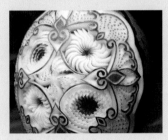

32 완성된 상태의 우측

33 완성된 상태

수박카빙 42

Watermelon Carving

01 컴퍼스 커터기를 이용해 원형을 그린다

02 조각칼을 이용해 홈을 1.5cm 두께로 넣는다

03 일정한 간격으로 꽃잎모양을 만든다

04 돌아가며 잘린 부분을 제거한다

05 2겹으로 꽃잎모양을 만들고 옆부분을 비스듬히 자른다

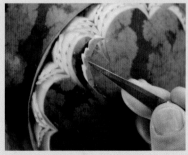

06 잘린 부분은 제거한다

07 약간 휘어진 무늬를 만든다

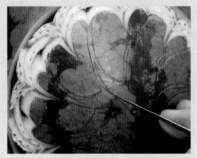

08 꽃잎 수술은 끝부분이 2겹이 되게 한다

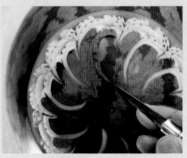

09 옆부분을 비스듬히 눕혀서 자른다

수박카빙 42

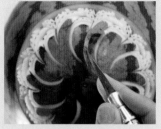

10 잘린 부분은 제거한다

11 둥글게 원형을 그릴 수 있게 손질한다

12 가운데로 모아지게 톱니모양을 만들고 옆부분을 잘라서 제거한다

13 갈라진 부분이 확실히 보이게 한다

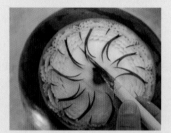

14 2바퀴 돌리고 조각칼을 눕혀서 껍질 부분을 제거한다

15 가운데 부분에 원형을 그리며 자른다

16 잘라진 부분은 제거한다

17 가운데를 중심으로 곡선을 그리고 한쪽 부분을 비스듬히 제거한다

18 한 바퀴 돌려진 상태

19 사진과 같이 곡선을 그리며 엇갈리게 한다

20 안쪽 부분을 제거한다

21 한 바퀴 돌려진 상태

22 가운데 부분을 제거한다

23 곡선을 그리며 자른다

24 껍질 부분이 걸쳐지게 톱니
모양을 만든다

25 끝부분에 무늬를 넣는다

26 잘린 부분은 제거한다

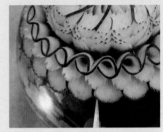

27 껍질과 어울리게 톱니모양
을 만든다

28 밑부분을 자연스럽게 보이
게 마무리한다

29 완성된 상태

수박카빙 43

01 준비물

02 스카치테이프를 이용해 글자를 붙인다

03 세밀한 조각칼을 이용해 글자를 새긴다

04 스카치테이프를 제거한다

05 조각칼을 눕혀서 글자 옆을 도려낸다

06 글자가 새겨진 상태

07 원형 몰더를 이용해 원형 표시를 한다

08 조각칼을 이용해 원형으로 매끈한 홈을 만든다

09 잘린 부분은 제거한다

10 사진과 같이 곡선무늬를 만든
다

11 대칭이 되게 곡선문양을 만든
상태

12 글자가 도드라지게 주변에 무
늬를 만든다

13 글자모양만 남기고 조각칼
을 이용해 껍질을 제거한다

14 원형 안쪽에 꽃모양을 만든다

15 4곳 모두 꽃모양을 만든다

16 곡선무늬 옆은 톱니모양으로
만든다

17 4면 모두 톱니모양이 만들어
진 상태

18 무늬를 그리고 옆부분은 잘라
낸다

19 선을 그리고 옆부분을 잘라낸
다

20 곡선모양을 여러 겹 만든다

21 잘라진 부분은 제거한다

22 선을 만들고 잘라진 부분은
제거한다

23 조각칼을 이용해 곡선을 그린
다

24 곡선 옆부분을 비스듬히 잘라
서 사진과 같이 만든다

25 주변에 선을 만들고 옆부분을
비스듬히 자른다

26 완성된 상태

수박카빙 44

01 준비물

02 스카치테이프를 이용해 글자를 붙인다

03 얇은 조각칼을 이용해 글자를 새긴다

04 스카치테이프를 제거한다

05 컴퍼스 커터기를 이용해 원형을 만든다

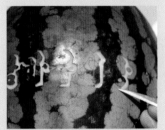

06 글자의 옆부분을 제거한다

07 글자가 새겨진 상태

08 조각칼을 이용하여 톱니모양을 만든다

09 옆부분을 비스듬히 자르고 잘린 부분을 제거한다

10 글자와 무늬가 새겨진 상태

11 원형 주변을 비스듬히 자른다

12 잘린 부분은 제거한다

13 일정한 간격으로 홈을 만든다

14 꽃잎모양을 만든다

15 잘린 부분은 제거한다

16 한 바퀴 만들어진 상태

17 잘린 부분은 제거한다

18 바깥 부분은 일정한 간격으로 곡선무늬를 만든다

19 일정한 간격으로 자른다

20 잘린 부분은 제거한다

21 안쪽의 껍질 부분을 제거한다

22 흰색 부분의 곡선을 만든다

23 그려진 옆부분을 제거한다

24 잘린 부분은 제거한다

25 안쪽 부분의 진행된 상태

26 바깥 부분에 무늬를 만들어 준다

27 원형의 잘린 부분은 제거한다

28 한 바퀴 완성된 상태

29 무늬의 밑부분을 비스듬히 잘라낸다

30 잘린 부분은 제거한다

31 곡선의 무늬를 하나 더 만든다

32 2바퀴 완성된 상태

33 3번째 무늬를 만들어준다

34 무늬의 옆부분을 제거한다

35 무늬의 다른 쪽도 자른다

36 잘린 부분은 제거한다

수박카빙 44

37 3개의 무늬가 완성된 상태

38 바깥 부분의 선을 그린다

39 그려진 부분의 옆부분을 비스듬히 자른다

40 잘린 부분을 제거한다

41 안쪽 부분은 가운데를 중심으로 톱니모양을 만든다

42 조각칼을 눕혀서 안쪽을 도려낸다

43 마무리 모양을 만들어준다

44 완성된 상태

Memo

수박카빙 45

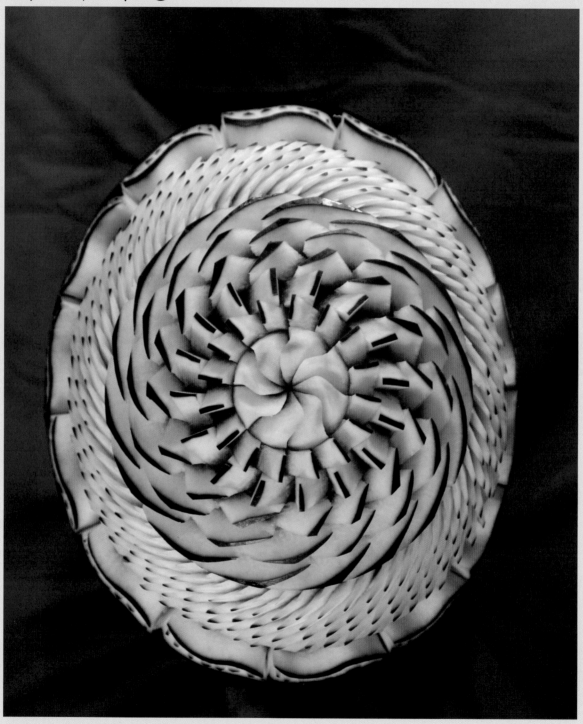

Watermelon Carving

01 준비물

02 컴퍼스 커터기를 이용해 일정한 간격으로 원형을 그린다

03 가운데 부분을 원형을 그리며 홈을 만든다

04 잘린 부분은 제거한다

05 바깥 부분을 제거하여 볼록한 곡선을 만든다

06 조각칼을 이용해 8등분한다

07 가운데부터 곡선을 그리면서 선을 그린다

08 선의 한쪽 방향을 비스듬히 자른다

09 한쪽 방향으로 비스듬히 자른다

10 한 바퀴 돌아가며 비스듬히 한쪽 방향으로 자른다

11 한 바퀴 잘린 상태

12 조각칼을 이용해 가운데 부분에 선을 만든다

수박카빙 45

13 한쪽 방향으로 비스듬히 자른다

14 한 바퀴 잘린 상태

15 가운데 부분에서 사선으로 비스듬히 자른다

16 15에서 잘린 부분의 옆을 비스듬히 자른다

17 잘린 부분은 제거한다

18 바깥 원형의 깊이가 1.5cm 정도 되게 자른다

19 사선을 더 눕혀서 자른다

20 끝까지 자른다

21 잘린 부분은 제거한다

22 바깥 원형의 깊이가 1.5cm 정도 되게 자른다

23 사선의 각을 더 눕혀서 자른다

24 끝까지 자른다

25 잘라진 부분은 제거한다

26 바깥 선의 깊이를 1.5cm 정도 되게 비스듬히 자른 다

27 잘린 부분은 제거한다

28 조금 큰 원형 테두리를 만든다

29 조각칼을 비스듬히 눕혀서 자른다

30 사선을 지그재그를 그리며 자른다

31 밑부분을 비스듬히 잘라서 제거한다

32 동일한 톱니모양을 만들어 나간다

33 일정한 간격을 유지하며 만들어 나간다

34 끝부분이 자연스럽게 되도록 자른다

35 잘린 부분은 제거한다

36 일정한 간격으로 선을 만든다

수박카빙 45

37 곡선을 그리며 사진과 같
   이 잘라낸다

38 밑부분에 굵은 선을 그린 뒤
   자른다

39 톱니모양을 만들고 잘린 부
   분은 제거한다

40 완성된 상태의 왼쪽

41 완성된 상태의 오른쪽

42 완성된 상태

Memo

수박카빙 46

Watermelon Carving

01 준비물

02 컴퍼스 커터기로 원형을 그린다

03 그려진 원형을 1.5cm 정도 깊이가 되도록 자른다

04 옆 둘레를 비스듬히 잘라 서 잘린 부분을 제거한다

05 일정한 간격으로 표시한다

06 표시한 가운데 부분에 한번 더 홈을 만든다

07 사진과 같은 모양을 만든다

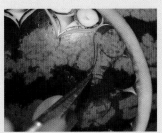

08 모양의 가운데 부분을 비 스듬히 가운데로 모아지게 자른다

09 잘린 부분은 제거한다

10 한 바퀴를 돌려서 만든다

11 옆부분을 잘라서 제거한다

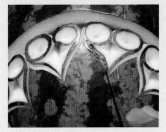

12 가운데로 모아지게 비스듬 히 자른다

13 잘린 부분은 제거한다

14 가운데로 모아지는 곡선을 만든다

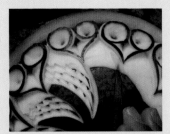
15 곡선의 옆부분은 톱니모양을 만든다

16 한 바퀴 만들어진 상태

17 조각칼을 이용해 껍질 부분을 제거한다

18 껍질이 제거된 상태

19 가운데로 모아지게 톱니모양을 만든다

20 조각칼을 눕혀서 안쪽 부분을 비스듬히 자른다

21 잘린 부분은 제거한다

22 2바퀴 만들어진 상태

23 조각칼을 최대한 눕혀서 반복적으로 톱니모양을 만든다

24 안쪽까지 만들어진 상태

25 곡선모양을 하나씩 만든다

26 잘린 부분은 제거한다

27 하트모양을 만들고 사진과 같이 옆부분을 자른다

28 한 바퀴 만들어진 상태

29 조각칼을 이용해 톱니모양을 만든다

30 톱니 밑부분을 둥글게 파낸다

31 잘린 부분은 제거한다

32 톱니모양을 하나 더 만든다

33 옆부분을 비스듬히 자르고 잘린 부분은 제거한다

34 한 바퀴 만들어진 상태

35 껍질 부분을 이용해 사진과 같이 만든다

36 조각칼을 눕혀서 서로 만나게 해서 잘라 나간다

식품조각지도사의 **수박카빙 2**
수박카빙 46

37 옆부분 장식이 하나 만들어진 상태

38 수박의 크기에 따라 장식모양을 만든다

39 장식모양이 끼워질 수 있게 옆부분을 정리한다

40 제거한 부분에 끼운다

41 완성된 상태의 왼쪽

42 완성된 상태의 오른쪽

43 완성된 상태

Memo

수박카빙 47

Watermelon Carving

01 준비물

02 껍질을 둥글게 벗기고 원 형몰더로 원형을 만든다

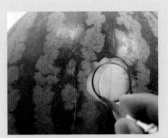

03 1/3 정도를 비스듬히 둥글 게 자른다

04 잘린 부분은 제거한다

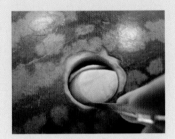

05 살짝 걸쳐지게 곡선을 그 리며 선을 만든다

06 옆부분을 잘라서 제거한다

07 다시 원형이 생길 수 있도록 도려낸다

08 잘린 부분은 제거한다

09 봉오리 모양이 만들어진 상 태

10 꽃잎모양을 만들 수 있게 곡선으로 선을 그린다

11 안쪽은 비스듬히 도려내고 바깥쪽은 물결모양을 만들 어 제거한다

12 꽃잎 4개가 만들어진 상태

13 조각칼을 세워서 5부분으로 꽃잎선을 그린다

14 물결모양을 만들며 그린다

15 꽃잎모양이 5개 만들어진 상태

16 꽃잎이 살짝 걸쳐지게 원형을 그린다

17 사진과 같이 꽃잎이 걸쳐지게 만든다

18 꽃잎의 개수가 늘어나게 해서 선을 그린다

19 곡선을 그리며 꽃잎을 만들어 간다

20 2개의 꽃잎 사이에 걸쳐지게 봉오리 모양을 그린다

21 봉오리 모양을 만든다

22 꽃잎도 새긴다

23 곡선이 자연스럽게 어울리도록 의식하며 자른다

24 잘린 부분은 제거한다

25 꽃잎 4개가 만들어진 상태

26 사진과 같이 그리고 도려 낸다

27 잘린 부분은 제거한다

28 선을 그리고 옆부분을 비스듬히 자른다

29 잘라진 부분은 제거한다

30 사선으로 곡선을 그리며 자른다

31 잘린 부분은 제거한다

32 서로 엇갈리게 해서 비스 듬히 자른다

33 잘린 부분은 제거한다

34 옆부분은 비스듬히 자르고 안쪽에는 톱니모양을 만든다

35 옆부분을 비스듬히 자른다

36 옆부분에 껍질 부분을 이용해서 잎문양을 만든다

37 잘린 부분은 제거한다

38 잎모양을 만들기 위해 곡선으로 비스듬히 자른다

39 잘린 부분은 제거한다

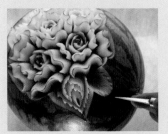

40 안쪽에 잎모양을 만든다

41 옆부분을 비스듬히 자른다

42 끝부분에 가는 가시모양을 만들어 잎모양을 만든다

43 옆부분을 비스듬히 자른다

44 잘린 부분은 제거한다

45 줄기모양을 다양하게 만들고 옆부분을 비스듬히 자른다

46 주변에 굵은 선을 그려준다

47 옆부분을 자른다

48 잘린 부분은 제거한다

Watermelon Carving

49 완성된 상태의 옆면

50 완성된 상태

수박카빙 48

Watermelon Carving

01 준비물

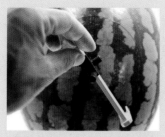

02 컴퍼스 커터기로 원형을 그린다

03 껍질을 원형으로 벗기고 원형몰더로 돌려 찍는다

04 조각칼을 이용해 안쪽을 둥글고 비스듬하게 자른다

05 바깥쪽을 비스듬히 돌려 자른다

06 잘린 부분은 제거한다

07 봉오리 모양을 한 겹 만든다

08 봉오리가 한 겹 만들어진 상태

09 봉오리가 완성된 상태

10 꽃잎모양을 5개 그린다

11 사진과 같이 안쪽과 바깥쪽을 만든다

12 잘린 부분은 제거한다

13 바깥 부분에 꽃잎모양을 5개 그린다

14 껍질 부분이 가늘게 남게 손질한다

15 5개의 잎을 만들어 나간다

16 5개의 꽃잎모양이 만들어진 상태

17 꽃잎 옆을 비스듬히 자른다

18 잘린 부분을 제거한다

19 사진과 같이 껍질 부분이 얇은 곡선이 되게 만든다

20 곡선을 만들어 나가고 옆 부분을 비스듬히 자른다

21 마지막 부분이 자연스럽게 연결되게 한다

22 한 바퀴 완성된 상태

23 일정한 간격을 표시한다

24 곡선을 그리며 사진과 같이 그린다

25 잘린 부분은 제거한다

26 한 바퀴 돌려진 상태

27 껍질 부분을 이용하여 모양을 만들어 나간다

28 한 칸씩 띄워가며 곡선을 그린다

29 잘린 부분은 제거한다

30 사진과 같이 곡선을 자연스럽게 이어준다

31 껍질을 이용해 얇은 선을 만들고 밑부분을 비스듬히 자른다

32 잘라진 부분은 제거한다

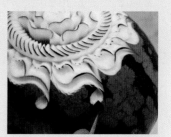

33 톱니무늬를 그리며 사진과 같은 모양을 만든다

34 무늬의 밑부분을 비스듬히 자른다

35 잘린 부분은 제거한다

36 밑부분에 비슷한 무늬를 하나 더 만든다

수박카빙 48

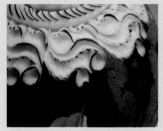

37 잘린 부분은 제거한다

38 모양이 만들어진 상태

39 전체적인 형태만 남기고 옆 부분을 비스듬히 제거한다

40 옆부분에 굵은 선을 그 린다

41 옆부분을 자르고 잘린 부 분은 제거한다

42 완성된 상태

Memo

수박카빙 49

Watermelon Carving

01 준비물

02 컴퍼스 커터기로 원형을 만든다

03 조각칼을 이용해 한 번 더 자른다

04 옆부분을 비스듬히 잘라서 제거한다

05 일정한 간격으로 간격을 표시한다

06 사진과 같이 곡선을 그린다

07 사진과 같은 무늬를 만든다

08 잘린 부분은 제거한다

09 조각칼을 비스듬히 눕혀서 자른다

10 잘린 부분은 제거한다

11 한 바퀴 잘린 상태

12 조각칼로 껍질 부분이 남도록 톱니모양을 만든다

13 조각칼을 눕혀서 비스듬히 자른다

14 잘린 부분은 제거한다

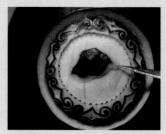

15 껍질 부분은 제거한다

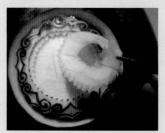

16 톱니무늬를 한 바퀴 만들고 안쪽을 비스듬히 눕혀서 제거한다

17 일정한 간격으로 V자를 만든다

18 17의 가운데 V자를 만든다

19 사진과 같은 문양을 만든다

20 한 바퀴 만들어진 상태

21 옆부분에 곡선 물결문양을 만든다

22 한 바퀴 만들어진 상태

23 주변에 선만 남기고 옆부분을 제거한다

24 끝부분에 무늬를 만든다

25 곡선문양이 이어지게 그린다

26 잘린 부분은 제거한다

27 사진과 같이 그린다

28 한 바퀴 만들어진 상태

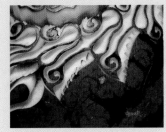

29 사진과 같이 그린다

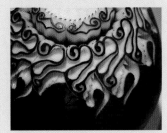

30 조각칼을 비스듬히 눕혀서 자른다

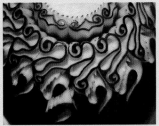

31 잘린 부분은 제거한다

32 한 바퀴 만들어진 상태

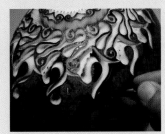

33 껍질 선을 남기고 자른다

34 잘린 부분은 제거한다

35 옆부분을 비스듬히 자른다

36 잘린 부분은 제거한다

37 가운데 부분에 톱니모양을
만든다

38 잘린 부분은 제거한다

39 가운데 부분이 완성된 상태

40 끝부분에 선을 만들고
비스듬히 자른다

41 잘린 부분은 제거한다

42 완성된 상태의 왼쪽

43 완성된 상태의 오른쪽

44 완성된 상태

Memo

수박카빙 50

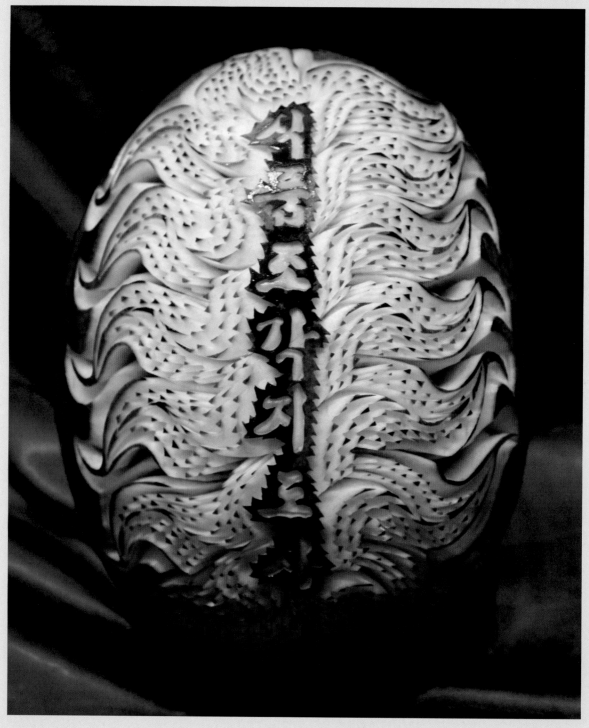

Watermelon Carving

01 준비물

02 식품조각지도사 글씨를 스카치 테이프로 붙인다

03 조각칼을 이용해 위부터 새긴다

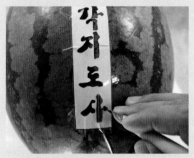

04 곡선이나 굽은 부분 등을 세심하게 조각한다

05 글자를 음각으로 새긴다

06 글자가 새겨진 상태

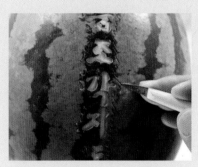

07 글자를 중심으로 톱니모양을 만든다

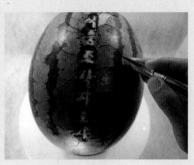

08 일정한 간격으로 곡선을 만든다

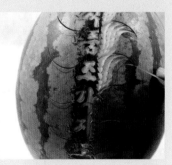

09 사진과 같이 선까지 이어서 곡선으로 새긴다

수박카빙 50

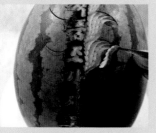

10   잘린 부분은 제거한다

11   반대쪽도 곡선으로 새긴다

12   한 바퀴 만들어진 상태

13   그려진 반대쪽을 비스듬히 자른다

14   선을 따라 톱니모양을 만든다

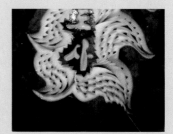

15   잘린 부분은 제거한다

16   톱니모양을 만든다

17   한 바퀴 만들어진 상태

18   선을 따라 톱니모양을 만들고 옆부분을 비스듬히 자른다

19   잘린 부분을 비스듬히 제거한다

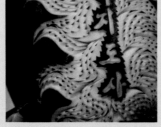

20   반대편도 같은 방법으로 만든다

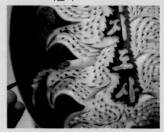

21   잘린 부분을 제거한다

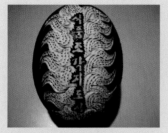

22 한 바퀴 만들어진 상태

23 껍질 부분에 선을 그린다

24 옆부분을 비스듬히 제거한다

25 잘린 부분은 제거한다

26 다른 쪽도 잘린 부분을 제거한다

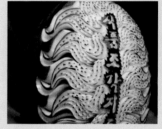

27 완성된 상태의 왼쪽

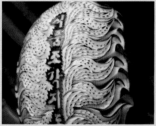

28 완성된 상태의 오른쪽

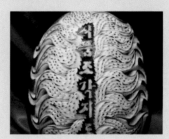

29 완성된 상태

수박카빙 51

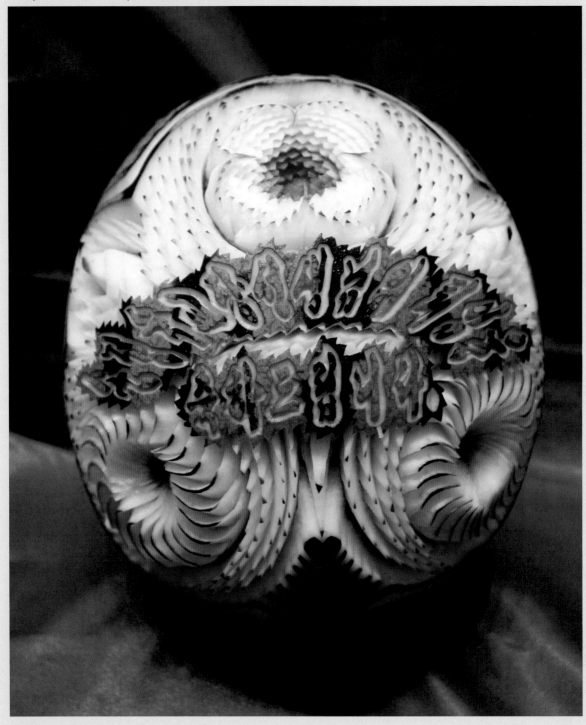

Watermelon Carving

01 준비물

02 프린트한 글자를 스카치테 이프로 붙인다

03 얇은 조각칼로 새긴다

04 스카치테이프를 벗겨낸다

05 새겨진 글자 옆부분을 제 거한다

06 글자가 새겨진 상태

07 껍질을 이용해 톱니모양을 만든다

08 옆부분을 제거한다

09 톱니모양 옆부분이 제거된 상태

10 컴퍼스 커터기를 이용해 원형을 만든다

11 3군데를 만들어 조각칼로 다시 한 번 자른다

12 원형의 양쪽을 비스듬히 잘 라낸다

13 곡선을 만들고 껍질 부분에 톱니모양을 만든다

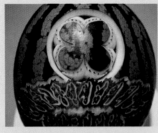

14 4개의 꽃잎모양을 만든다

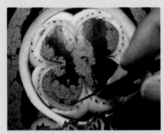

15 톱니모양을 만든다

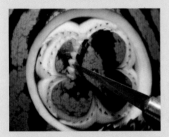

16 옆부분을 자르고 잘린 부분을 제거한다

17 4면을 비슷한 형태로 만들어준다

18 톱니모양을 만들고 껍질 부분을 비스듬히 제거한다

19 붉은색 부분도 톱니모양으로 만든다

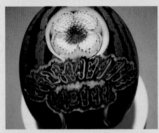

20 원형의 형태가 하나 만들어진 상태

21 2번째 원형은 가운데를 원형으로 둥글고 비스듬하게 도려낸다

22 잘린 부분은 제거한다

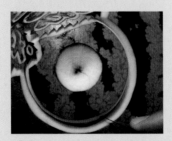

23 조각칼로 곡선을 그린다

24 옆부분을 비스듬히 제거한다

25 원형의 모양이 하나 만들어
진 상태

26 반대쪽 부분도 동일하게
만든다

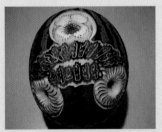

27 원형의 모양이 3개 만들어
진 상태

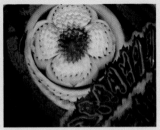

28 원형 주변에 톱니모양을
만든다

29 한쪽으로 모아지게 만든다

30 양쪽이 균형을 이룰 수 있도
록 만든다

31 다른 쪽도 비슷한 형태로
만든다

32 3번째 원형도 비슷한 형태
로 만든다

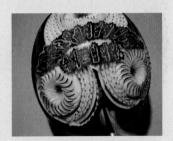

33 잘린 부분은 제거한다

34 톱니모양을 정리해 준다

35 무늬를 하나 만든다

36 반대쪽도 동일한 무늬를 만
든다

수박카빙 51

37 무늬 주변에 톱니모양을 만든다

38 양쪽이 모두 만들어진 상태

39 사진과 같은 문양을 만든다

40 주변에 굵은 선을 그린다

41 옆부분을 비스듬히 잘라서 제거한다

42 완성된 상태의 왼쪽

43 완성된 상태의 오른쪽

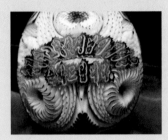

44 완성된 상태

Memo

수박카빙 52

01 준비물

02 몰더로 표시한 다음 조각 칼을 눕혀서 홈을 만든다

03 잘린 부분은 제거한다

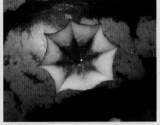

04 사진과 같이 6등분한다

05 잘린 부분은 제거한다

06 한쪽으로 비스듬히 자른다

07 잘린 부분은 제거한다

08 한쪽 면을 타고 곡선으로 만든다

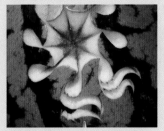

09 잘린 부분은 제거한다

10 6개에 2개의 곡선을 그린다

11 잘린 부분은 제거한다

12 안쪽에 비스듬히 선을 만든다

수박카빙 52

13 잘린 부분은 제거한다

14 사진과 같은 형태를 비스듬히 만든다

15 주변에 똑같은 형태를 만들어 나간다

16 수박의 면이 좁은 쪽은 조금 좁게 만든다

17 잘린 부분은 제거한다

18 같은 방법으로 한 바퀴 자른다

19 잘린 부분은 제거한다

20 곡선을 그리며 사진과 같은 방법으로 그린다

21 둥근 선을 만든다

22 밑부부은 형태를 만들며 비스듬히 제거한다

23 잘린 부분은 제거한다

24 톱니모양을 만들어준다

25 톱니부분의 옆부분을 자른다

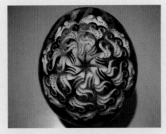

26 한 바퀴 만들어진 상태

27 옆부분을 비스듬히 자른다

28 반대쪽 부분도 톱니모양을 만든다

29 한 바퀴 만들어진 상태

30 주변에 선을 만들어준다

31 옆부분을 비스듬히 자른다

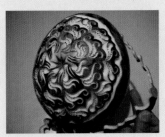

32 잘린 부분은 제거한다

33 완성된 상태의 왼쪽

34 완성된 상태의 오른쪽

35 완성된 상태

수박카빙 53

01 준비물

02 스카치테이프로 붙인다

03 나비문양을 새긴다

04 밑부분의 나비문양도 새긴다

05 글자도 얇은 조각칼로 새긴다

06 봉황문양을 새긴다

07 나비문양의 안쪽을 도려낸다

08 나비문양이 새겨진 상태

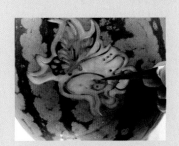

09 잘린 부분을 제거한다

10 글자 주변을 자른다

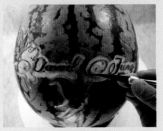

11 밑의 나비문양과 글자모양의 옆을 자른다

12 껍질을 살짝 벗기고 원형 몰더로 돌려서 찍는다

수박카빙 53

13 옆부분을 돌려서 자른 다음 제거한다

14 안쪽에 봉오리 모양을 만든다

15 잘린 부분은 제거한다

16 봉오리 모양이 완성된 상태

17 얇은 조각칼을 이용해 꽃잎모양을 만든다

18 꽃이 한 바퀴 만들어진 상태

19 둥글게 도려내고 끝부분에 가시모양을 만든다

20 옆부분을 도려낸다

21 안쪽에 잎의 무늬를 만든다

22 꽃의 옆부분에 걸쳐지게 꽃을 하나 더 만든다

23 위쪽, 아래쪽도 꽃모양을 만든다

24 줄기모양은 옆으로 휘어지게 자연스럽게 만든다

25 봉황문양을 남기고 옆부분을 자른다

26 작은 점들까지 새겨나간다

27 반대쪽도 나비문양만 남기고 도려낸다

28 전체적으로 껍질 부분을 도려낸 상태

29 꽃의 사이에 곡선모양을 그린다

30 위쪽 부분도 곡선모양을 만든다

31 완성된 상태의 왼쪽

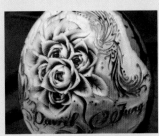

32 완성된 상태의 오른쪽

33 완성된 상태

수박카빙 54

01 준비물

02 스카치테이프로 주변을 감는다

03 껍질 부분을 살짝 제거한다

04 원형 몰더를 돌려서 찍는다

05 봉오리 모양이 그려진 상태

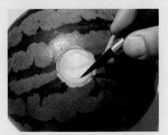

06 안쪽을 비스듬히 잘라낸다

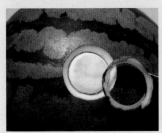

07 바깥 부분도 비스듬히 제거한다

08 봉오리 모양을 한 바퀴 만든다

09 잘린 부분은 제거한다

10 안쪽 부분으로 만들어 나간다

11 봉오리 모양이 만들어진 상태

12 꽃잎모양을 4개 만들 수 있게 그린다

13 사진과 같이 안쪽을 여러 겹의 곡선으로 만든다

14 잘린 부분은 제거한다

15 한 바퀴 만들어진 상태

16 겹치지 않게 5개 정도의 꽃잎을 그릴 수 있게 그린다

17 안쪽 부분을 조금 더 큰 곡선을 그린다

18 잘린 부분은 제거한다

19 한 바퀴 만들어진 상태

20 조금 더 큰 꽃잎모양을 그린다

21 안쪽 부분에 곡선을 여러 겹 만든 뒤 잘라낸다

22 안쪽 부분이 한 바퀴 잘려서 제거된 상태

23 바깥 부분도 한 바퀴 만들어진 상태

24 바깥쪽에 한 겹 더 그린다

Watermelon Carving

25 안쪽 부분과 바깥 부분에 곡선을 그리며 자른다

26 잘린 부분은 제거한다

27 사진과 같이 뒤로 굽은 곡선을 만든다

28 선을 따라 톱니모양을 만든다

29 잘린 부분은 제거한다

30 옆부분을 돌아가며 자르고 잘린 부분은 제거한다

31 사진과 같이 모양을 만든다

32 여러 개 만든다

33 주변에 돌아가며 끼운다

34 완성된 상태의 왼쪽

35 완성된 상태의 오른쪽

36 완성된 상태

수박카빙 55

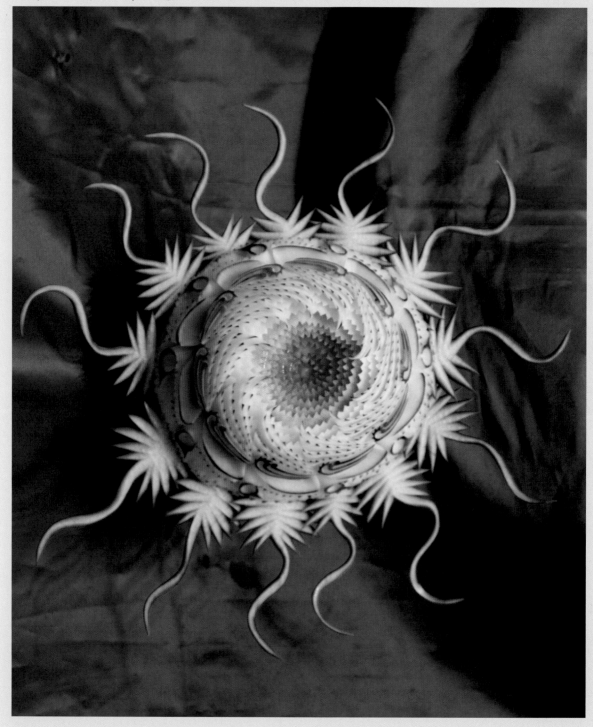

Watermelon Carving

01 준비물

02 컴퍼스 커터기를 이용해 원형을 그린다

03 안쪽을 비스듬히 도려낸다

04 잘린 부분은 제거한다

05 일정한 간격을 표시한다

06 표시한 양쪽을 비스듬히 도려낸다

07 잘린 부분은 제거한다

08 얇은 선을 만든다

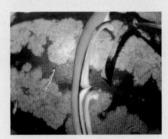

09 잘린 부분은 제거한다

10 한 바퀴 만들어진 상태

11 곡선을 그리며 가운데로 모아지게 그린다

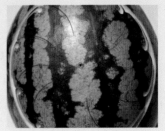

12 한 바퀴 그려진 상태

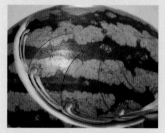

13 얇은 선을 하나 더 만든다

14 점점 굽어지는 비스듬한 곡선을 만든다

15 한 바퀴 만들어진 상태

16 잘린 부분은 제거한다

17 톱니모양이 한 바퀴 추가된 상태

18 톱니모양이 2바퀴 추가된 상태

19 잘린 부분은 제거한다

20 톱니모양이 4바퀴 만들어진 상태

21 톱니모양이 5바퀴 만들어진 상태

22 껍질 부분을 모두 제거한다

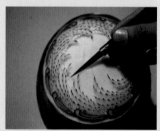

23 가운데로 모아지게 톱니모양을 만들고 안쪽을 도려낸다

24 안쪽의 톱니모양이 3바퀴 만들어진 상태

25 붉은색 부분이 보이게 둥글게 톱니모양을 만든다

26 가운데로 모아지게 톱니모양을 만든다

27 칼날이 긴 조각칼을 넣어서 톱니 밑부분을 비스듬히 가늘게 도려낸다

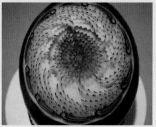

28 안쪽 부분이 완성된 상태

29 바깥 부분을 비스듬히 자른다

30 잘린 부분은 제거한다

31 껍질 부분이 얇게 되도록 자른다

32 밑부분을 도려내서 제거한다

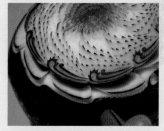

33 톱니모양으로 시작되는 문양을 만든다

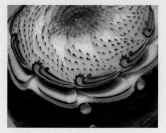

34 잘린 부분은 제거한다

35 문양이 한 바퀴 만들어진 상태

36 밑부분을 자른다

37 주변에 돌아가며 톱니모양
을 만든다

38 옆부분을 잘라서 제거한다

39 줄기문양을 만든다

40 주위에 돌려 끼울 수 있도
록 여러 개 만든다

41 완성된 상태의 가로사진

42 완성된 상태

Memo

수박카빙 56

01 준비물

02 컴퍼스 커터기로 봉오리 모양을 그린다

03 안쪽과 바깥쪽을 비스듬히 제거한다

04 일정한 간격으로 홈을 만든다

05 4개의 꼭짓점을 만든다

06 4면의 가운데를 잘라서 8개의 꼭짓점을 만든다

07 가운데 부분에 원형 홈을 만든다

08 잘린 부분은 제거한다

09 곡선을 그리며 선을 만든다

10 일정한 간격으로 문양을 만든다

11 문양이 만들어진 상태

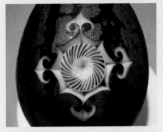

12 사진과 같이 문양을 만들어 중심을 잡는다

13 선을 만들어준다

14 톱니모양을 추가한다

15 한 바퀴 만들어진 상태

16 곡선으로 문양을 만든다

17 무늬를 만들고 옆부분을 비스듬히 자른다

18 잘린 부분은 제거한다

19 반대쪽 부분도 똑같은 형태로 만든다

20 한 바퀴 만들어진 상태

21 곡선의 선을 만든다

22 옆부분의 껍질 부분을 제거한다

23 원형몰더를 이용해 4면에 돌려서 찍는다

24 안쪽과 바깥쪽 부분을 비스듬히 돌려서 잘라낸다

25 봉오리 안쪽을 한 바퀴 만든 상태

26 봉오리가 만들어진 상태

27 4면에 동일한 봉오리를 만든다

28 톱니모양의 꽃잎을 만들고 자른 부분은 제거한다

29 밑부분을 돌아가며 잘라서 제거한다.

30 톱니모양을 만들며 선을 만들어 나간다

31 반대쪽도 동일하게 만든다

32 반대쪽도 동일하게 만든다

33 선을 만들고 옆부분을 제거한다

34 4면을 돌아가면서 선을 만든다

35 한쪽 면에 곡선이 만들어진 상태

36 돌아가며 선을 만들어 나간다

37 잘린 부분은 제거한다

38 4면이 만들어진 상태

39 톱니모양을 만든다

40 잘린 부분은 제거한다

41 바깥 부분에 선을 만들어 준다

42 조각칼로 옆부분을 비스듬히 눕혀서 자른다

43 옆부분을 잘라낸 상태

44 껍질 부분을 이용해서 톱니모양을 만든다

45 옆부분을 잘라서 제거한다

46 주변에 선을 만들고 조각칼을 눕혀서 자른다

47 잘린 부분은 제거한다

48 완성된 상태의 오른쪽

Watermelon Carving

49 완성된 상태의 왼쪽

50 완성된 상태

수박카빙 57

Watermelon Carving

01 수박에 새길 이미지

02 준비물

03 수박에 프린트한 이미지를 스카치테이프로 붙인다

04 조각칼을 이용해 검은색을 새긴다

05 글자 이미지를 편집해서 하나 만든다

06 스카치테이프로 붙인다

07 조각칼을 이용해 새긴다

08 스카치테이프를 제거한다

09 조각칼을 이용해 그림만 남기고 옆부분을 자른다

10 글자만 남기고 옆부분을 잘라낸다

11 그림과 글자만 남기고 제거한다

12 사진과 같이 중간부분을 자르고 햇볕모양을 만든다

13 붉은색 부분이 펼쳐지게 만든다

14 잘라진 부분은 제거한다

15 물결무늬를 곡선을 그리며 만든다

16 밑부분에는 V자 조각칼을 이용해 무늬를 만든다

17 바깥 부분을 돌려가며 선을 만든다

18 옆부분을 잘라서 제거한다

19 완성된 상태

수박카빙 58

01 준비물

02 스카치테이프를 이용해 수
박에 글자와 이미지를 붙
인다

03 붙여진 상태

04 조각칼을 이용해서 글자
를 새긴다

05 이미지도 그려진 선을 따
라 새긴다

06 스카치테이프를 제거한다

07 조각칼을 눕혀서 글자의 옆
부분을 자른다

08 새겨진 이미지 옆부분을
자른다

09 글자와 이미지가 새겨진 상
태

10 껍질 부분이 남게 해서 톱
니모양을 만든다

11 글자 주변에 모양이 만들
어진 상태

12 중간중간 눈꽃모양도 만든
다

13 밑부분에도 글자를 새긴다

14 꽃잎을 만들 수 있게 곡선으로 파낸다

15 꽃모양을 하나 만든다

16 꽃잎모양이 걸쳐지게 만든다

17 꽃모양이 겹치게 만들고 잎모양도 하나씩 만들어 나간다

18 잘린 부분은 제거한다

19 2번째 줄 꽃잎은 곡선을 그리며 넓게 만든다

20 잘린 부분은 제거한다

21 껍질 부분이 남게 톱니모양을 만든다

22 잘린 부분은 제거한다

23 오른쪽 윗부분에 꽃모양이 만들어진 상태

24 글자 주변으로 꽃모양을 만들어 나간다

25 잎모양도 둥글게 만들어 나
간다

26 글자 사이에 눈꽃모양을
만든다

27 주변에 굵은 선을 그린다

28 조각칼을 눕혀서 비스듬
히 자른다

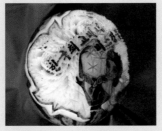

29 완성된 상태의 왼쪽

30 완성된 상태의 오른쪽

31 완성된 상태

수박카빙 59-1

02 준비물

03 사진의 가운데부터 붙인다

01 수박에 새길 사진 이미지(사진을 스케치로 편집)

04 위쪽과 아래쪽을 붙인다

05 스카치테이프로 붙여진 상태

06 스케치 사진의 선을 따라 조각칼로 그린다

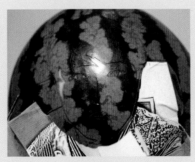

07 얼굴이 그려진 상태

08 스케치된 부분만 남기고 옆부분은 벗긴다

수박카빙 59–1

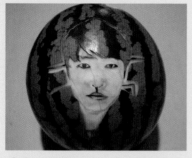

09   얼굴형태가 만들어진 상태

10   주변의 배경도 스케치한 형태를 따라 만든다

11   완성된 상태

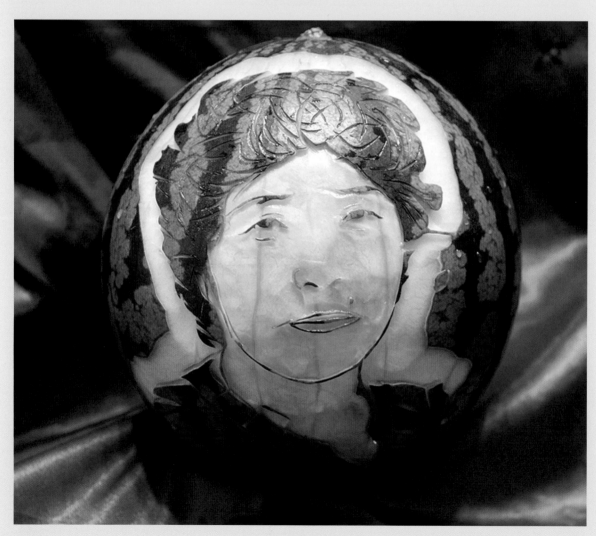

Watermelon Carving

01　수박에 새길 사진 이미지(사진을 스케치로 편집)

02　수박에 새길 사진 이미지(사진을 스케치로 편집)

03　준비물

04　스카치테이프로 수박에 사진을 붙이고 한 장은 보고 그릴 수 있게 바닥에 둔다

05　스케치된 부분을 새긴다

06　얇은 부분도 새심하게 새긴다

07　완성된 상태

수박카빙 59-2

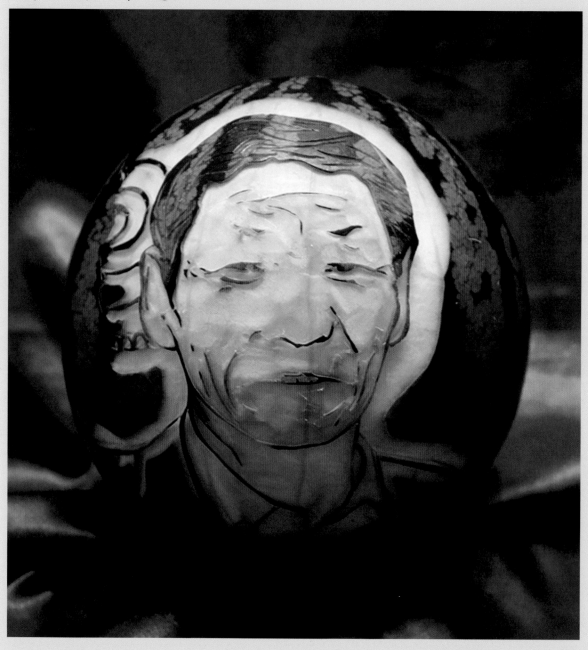

Watermelon Carving

01 수박에 새길 사진

02 수박에 새길 사진 이미지(사진을 스케치앱을 이용해 편집)

03 스카치테이프로 수박에 사진을 붙이고 한 장은 보고 그릴 수 있게 바닥에 둔다

04 스케치한 선을 따라 새긴다

05 새겨진 옆부분은 조각칼로 도려낸다

06 얼굴부분이 완성된 상태

07 주변의 형태를 만들어준다

08 완성된 상태

수박카빙 59-3

Watermelon Carving

01 수박에 새길 여자아이 사진을
선택한다

02 수박에 새길 남자아이 사진을
선택한다

03 스케치앱을 이용해 선이 진하
게 만든다

04 남자아이도 같은 방법으로
만든다

05 준비물

06 스카치테이프를 이용해 수박에
붙인다

07 붙여진 것을 보고 그릴 수 있
게 하나 더 프린트해 놓는다

08 얼굴의 안쪽부터 새긴다

09 손모양과 등에 선만 남을 수 있
게 세밀하게 새긴다

수박카빙 59-3

10 스카치테이프를 제거한다

11 조각칼을 이용해 얼굴의 안
쪽부터 선만 남기고 비스듬
히 자른다

12 잘린 부분은 제거한다

13 선만 남을 수 있게 만들
어 나간다

14 남자아이도 얼굴부터 선만
남을 수 있게 자른다

15 옷 부분도 주름만 약간 남
기고 자른다

16 껍질 부분을 이용해 톱니
모양을 만든다

17 옆부분을 자르고 제거한다

18 완성된 상태를 조금 멀리서
찍은 사진

19 완성된 상태

01 수박에 새길 사진을 선택한다

02 스케치앱을 이용해 선이 진하게 만든다

03 프린트한 사진을 수박에 붙인다

04 스케치 선만 남게 새긴다

05 스카치테이프를 제거한다

06 얼굴 안쪽부터 새긴다

07 얼굴선만 남게 해서 새긴다

08 옷부분에도 굵은 선만 남기고 새긴다

09 얼굴과 옷부분을 완성한다

10 얼굴 주변에 톱니모양을 만든다

11 옆부분을 비스듬히 잘라서 제거한다

12 얼굴 주변에 톱니모양이 만들어진 상태

13 V자 조각도를 이용해 머리카락을 손질한다

14 얼굴 주변에 사진과 같이 모양을 만든다

15 톱니모양을 여러 겹 만든다

16 완성된 상태

식품조각지도사의 수박카빙 2

Watermelon Carving

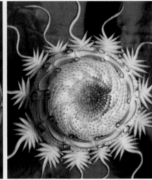

참고문헌

- 정우석, 전문조리인을 위한 과일 · 야채조각 105가지, 백산출판사, 2008.
- 정우석, 식품조각지도사, 도서출판 효일, 2014.
- 정우석, 식품조각지도사의 수박카빙, 백산출판사, 2015.
- 김기진 · 정우석 · 김기철, 푸드카빙데코레이션마스터, 코스모스, 2012.
- 김현룡 · 이준엽, 푸드아트(FOOD ART), 대왕사, 2007.
- 황선필, 수박과일조각1, 토파민, 2005.
- 황선필, 야채과일조각2, 토파민, 2006.
- 홍진숙 외, 식품재료학, 교문사, 2012.
- 김미리 외, 식품재료학, 파워북, 2011.
- 이현세, 동물 드로잉1, 다섯수레, 2004.
- 잭 햄, 동물드로잉 해법, 송정문화사, 1995.
- 스즈키 마리, 이은정 역, 쉽게 배우는 귀여운 동물 드로잉, 한스미디어, 2012.
- 유경민, 전문조리사를 위한 야채 및 과일조각, 디자인 국일, 2006.
- 김은영 외 4인, 카빙 길라잡이, 가람북스, 2010.
- 최송산, 식품조각, 도서출판 효일, 2007.
- 최은선, 쉽게 배우는 식품조각 : 전문 레스토랑 특급 셰프의 식품조각 노하우 따라잡기, 도서출판 효일, 2012.
- 陈洪波 编著, 综合食雕, 广东经济出版社, 2005.
- 陳肇豐·周振文, 創意蔬果切雕盤飾, 暢文出版社, 2006.
- 鄭汸基, 蔬果切雕與盤飾, 暢文出版社, 2007.

저자
P r o f i l e

정우석

- 세계식품조각 명장 1호
- 호산대학교 호텔외식조리과 학과장
- 영남대학교 식품학 박사
- 세계식품조각협회 마스터 회장
- 세계식의연구소 식문화연구원장
- 사)한국조리학회 학술이사
- 사)한국외식산업학회 이사
- 에스코피에 요리연구소 연구원
- 한국산업인력공단 국가공인자격 검정위원
- 코오롱호텔 조리장
- 2008년 대한민국요리경연대회 금상 수상 외 다수 입상
- 2012년 향토음식 경연대회/ 대표음식 경연대회 심사위원
- 2012년 대한민국 향토식문화대전 야채조각 라이브 대상 수상
- 2014년 경상북도 교육청 조리교사 직무교육 담당교수
- 2014년 경상북도 교육연수원 교원직무연수 담당교수
- 2015년 대한민국총주방장 인증
- 2015년 한국조리학회 우수포스터 선정 농림축산식품부 장관상 수상
- 2016년 한국음식 맛체험 카빙팀경연 금상 수상
- 2016년 힐링챌린지 국제요리경연대회 조각경연 금상 수상
- 국내최초 NCS기반 교육과정(식품조각) 수출
- 현) 대한민국 국제요리경연대회 심사팀장/심사위원
- 현) 경산시/성주군 등 조리외식대학 출강

특허
- 2014년 채소조각용 칼(디자인 특허 등록)

자격증
- 교원자격증[중등학교 정교사(2급) 조리]
- 식품조각지도사 마스터, 한식 · 일식 · 양식 · 중식 · 복어 조리기능사 · 외식조리관리사
- 리더십지도사 1급, 레크리에이션지도사 1급, 웃음치료사 1급, 커피바리스타, 푸드카빙데코레이션 마스터

저서
- 전문조리인을 위한 과일 · 야채조각 105가지
- 전문조리인을 위한 초밥의 기술 74가지
- 푸드카빙데코레이션 마스터
- 한국의 전통음식
- 일본요리 입문
- Basic 서양조리실무
- CARVING-식품조각지도사
- 식품조각지도사의 수박카빙

방송출연
- 2014년 KBS행복발견 오늘
- 2014년 MBC뉴스 나도 전문가 출연
- 2015년 KBS행복발견 오늘(면역력을 높여라편 출연)
- 2016년 YTN뉴스(NCS 교육과정 수출, 이주여성대상 명절상차림 등)

김기철

- 한국관광공사 경주관광교육원 양식조리과 졸업
- 경주 현대호텔 조리과 근무
- 경주대학교 석사, 박사 졸업
- 창신대학교 겸임교수
- 경주대학교 강사
- 현) 영산대학교 조리학과 겸임교수
- 현) 롯데호텔울산 디자인 · 장식담당 Artist
- 현) 세계식품조각협회 이사

식품조각지도사의 수박카빙 2

2016년 8월 5일 초판 1쇄 인쇄
2016년 8월 10일 초판 1쇄 발행

지은이 정우석 · 김기철
펴낸이 진욱상
펴낸곳 백산출판사   저자와의
교 정 성인숙   합의하에
본문디자인 오정은   인지첩부
표지디자인 오정은   생략

등 록 1974년 1월 9일 제1-72호
주 소 경기도 파주시 회동길 370(백산빌딩 3층)
전 화 02-914-1621(代)
팩 스 031-955-9911
이메일 edit@ibaeksan.kr
홈페이지 www.ibaeksan.kr

ISBN 979-11-5763-271-8
값 20,000원